海上絲綢之路基本文獻叢書

遠西奇器圖説（一）

〔明〕王徵 譯繪

文物出版社

圖書在版編目（CIP）數據

遠西奇器圖説．一／（明）王徵譯繪．-- 北京：文物出版社，2022.7
（海上絲綢之路基本文獻叢書）
ISBN 978-7-5010-7684-0

Ⅰ．①遠… Ⅱ．①王… Ⅲ．①工具－圖解②農具－圖解③儀器－圖解 Ⅳ．①TB-61

中國版本圖書館 CIP 數據核字（2022）第 097837 號

海上絲綢之路基本文獻叢書
遠西奇器圖説（一）

譯　者：〔明〕王徵
策　劃：盛世博閱（北京）文化有限責任公司

封面設計：鞏榮彪
責任編輯：劉永海
責任印製：張　麗

出版發行：文物出版社
社　址：北京市東城區東直門内北小街 2 號樓
郵　編：100007
網　址：http://www.wenwu.com
經　銷：新華書店
印　刷：北京旺都印務有限公司
開　本：787mm×1092mm　1/16
印　張：13.875
版　次：2022 年 7 月第 1 版
印　次：2022 年 7 月第 1 次印刷
書　號：ISBN 978-7-5010-7684-0
定　價：98.00 圓

總緒

海上絲綢之路，一般意義上是指從秦漢至鴉片戰争前中國與世界進行政治、經濟、文化交流的海上通道，主要分爲經由黄海、東海的海路最終抵達日本列島及朝鮮半島的東海航綫和以徐聞、合浦、廣州、泉州爲起點通往東南亞及印度洋地區的南海航綫。

在中國古代文獻中，最早、最詳細記載『海上絲綢之路』航綫的是東漢班固的《漢書·地理志》，詳細記載了西漢黄門譯長率領應募者入海『齎黄金雜繒而往』之事，書中所出現的地理記載與東南亞地區相關，并與實際的地理狀況基本相符。

東漢後，中國進入魏晉南北朝長達三百多年的分裂割據時期，絲路上的交往也走向低谷。這一時期的絲路交往，以法顯的西行最爲著名。法顯作爲從陸路西行到印度，再由海路回國的第一人，根據親身經歷所寫的《佛國記》（又稱《法顯傳》）一書，詳細介紹了古代中亞和印度、巴基斯坦、斯里蘭卡等地的歷史及風土人情，是瞭解和研究海陸絲綢之路的珍貴歷史資料。

隨着隋唐的統一，中國經濟重心的南移，中國與西方交通以海路爲主，海上絲綢之路進入大發展時期。廣州成爲唐朝最大的海外貿易中心，朝廷設立市舶司，專門管理海外貿易。唐代著名的地理學家賈耽（七三〇～八〇五年）的《皇華四達記》記載了從廣州通往阿拉伯地區的海上交通『廣州通夷道』，詳述了從廣州港出發，經越南、馬來半島、蘇門答臘半島至印度、錫蘭，直至波斯灣沿岸各國的航綫及沿途地區的方位、名稱、島礁、山川、民俗等。譯經大師義净西行求法，將沿途見聞寫成著作《大唐西域求法高僧傳》，詳細記載了海上絲綢之路的發展變化，是我們瞭解絲綢之路不可多得的第一手資料。

宋代的造船技術和航海技術顯著提高，指南針廣泛應用於航海，中國商船的遠航能力大大提升。北宋徐兢的《宣和奉使高麗圖經》詳細記述了船舶製造、海洋地理和往來航綫，是研究宋代海外交通史、中朝友好關係史、中朝經濟文化交流史的重要文獻。南宋趙汝適《諸蕃志》記載，南海有五十三個國家和地區與南宋通商貿易，形成了通往日本、高麗、東南亞、印度、波斯、阿拉伯等地的『海上絲綢之路』。宋代爲了加强商貿往來，於北宋神宗元豐三年（一〇八〇年）頒佈了中國歷史上第一部海洋貿易管理條例《廣州市舶條法》，并稱爲宋代貿易管理的制度範本。

元朝在經濟上採用重商主義政策，鼓勵海外貿易，中國與歐洲的聯繫與交往非常頻繁，其中馬可•波羅、伊本•白圖泰等歐洲旅行家來到中國，留下了大量的旅行記，記録元代海上絲綢之路的盛況。元代的汪大淵兩次出海，撰寫出《島夷志略》一書，記録了二百多個國名和地名，其中不少首次見於中國著録，涉及的地理範圍東至菲律賓群島，西至非洲。這些都反映了元朝時中西經濟文化交流的豐富内容。

明、清政府先後多次實施海禁政策，海上絲綢之路的貿易逐漸衰落。但是從明永樂三年至明宣德八年的二十八年裏，鄭和率船隊七下西洋，先後到達的國家多達三十多個，在進行經貿交流的同時，也極大地促進了中外文化的交流，這些都詳見於《西洋蕃國志》《星槎勝覽》《瀛涯勝覽》等典籍中。

關於海上絲綢之路的文獻記述，除上述官員、學者、求法或傳教高僧以及旅行者的著作外，自《漢書》之後，歷代正史大都列有《地理志》《四夷傳》《西域傳》《外國傳》《蠻夷傳》《屬國傳》等篇章，加上唐宋以來衆多的典制類文獻、地方史志文獻，集中反映了歷代王朝對於周邊部族、政權以及西方世界的認識，都是關於海上絲綢之路的原始史料性文獻。

海上絲綢之路概念的形成，經歷了一個演變的過程。十九世紀七十年代德國地理學家費迪南·馮·李希霍芬（Ferdinad Von Richthofen，一八三三～一九〇五），在其《中國：親身旅行和研究成果》第三卷中首次把輸出中國絲綢的東西陸路稱爲『絲綢之路』。有『歐洲漢學泰斗』之稱的法國漢學家沙畹（Édouard Chavannes，一八六五～一九一八），在其一九〇三年著作的《西突厥史料》中提出『絲路有海陸兩道』，蘊涵了海上絲綢之路最初提法。迄今發現最早正式提出『海上絲綢之路』一詞的是日本考古學家三杉隆敏，他在一九六七年出版《中國瓷器之旅：探索海上的絲綢之路》中首次使用『海上絲綢之路』一詞；一九七九年三杉隆敏又出版了《海上絲綢之路》一書，其立意和出發點局限在東西方之間的陶瓷貿易與交流史。

二十世紀八十年代以來，在海外交通史研究中，『海上絲綢之路』一詞逐漸成爲中外學術界廣泛接受的概念。根據姚楠等人研究，饒宗頤先生是華人中最早提出『海上絲綢之路』的人，他的《海道之絲路與昆侖舶》正式提出『海上絲路』的稱謂。選堂先生評價海上絲綢之路是外交、貿易和文化交流作用的通道。此後，大陸學者馮蔚然在一九七八年編寫的《航運史話》中，使用『海上絲綢之路』一詞，這是迄今學界查到的中國大陸最早使用『海上絲綢之路』的人，更多地限於航海活動領域的考察。一九八〇年北京大學陳炎教授提出『海上絲綢之路』研究，并於一九八一年發表《略論海上絲綢之路》一文。他對海上絲綢之路的理解超越以往，且帶有濃厚的愛國主義思想。陳炎教授之後，從事研究海上絲綢之路的學者越來越多，尤其沿海港口城市向聯合國申請海上絲綢之路非物質文化遺産活動，將海上絲綢之路研究推向新高潮。另外，國家把建設『絲綢之路經濟帶』和『二十一世紀海上絲綢之路』作爲對外發展方針，將這一學術課題提升爲國家願景的高度，使海上絲綢之路形成超越學術進入政經層面的熱潮。

與海上絲綢之路學的萬千氣象相對應，海上絲綢之路文獻的整理工作仍顯滯後，遠遠跟不上突飛猛進的研究進展。二〇一八年厦門大學、中山大學等單位聯合發起『海上絲綢之路文獻集成』專案，尚在醞釀當中。我們不揣淺陋，深入調查，廣泛搜集，將有關海上絲綢之路的原始史料文獻和研究文獻，分爲風俗物産、雜史筆記、海防海事、典章檔案等六個類別，彙編成《海上絲綢之路歷史文化叢書》，於二〇二〇年影印出版。此輯面市以來，深受各大圖書館及相關研究者好評。爲讓更多的讀者親近古籍文獻，我們遴選出前編中的菁華，彙編成《海上絲綢之路基本文獻叢書》，以單行本影印出版，以饗讀者，以期爲讀者展現出一幅幅中外經濟文化交流的精美畫卷，爲海上絲綢之路的研究提供歷史借鑒，爲『二十一世紀海上絲綢之路』倡議構想的實踐做好歷史的詮釋和注脚，從而達到『以史爲鑒』『古爲今用』的目的。

凡例

一、本編注重史料的珍稀性，從《海上絲綢之路歷史文化叢書》中遴選出菁華，擬出版百册單行本。

二、本編所選之文獻，其編纂的年代下限至一九四九年。

三、本編排序無嚴格定式，所選之文獻篇幅以二百餘頁爲宜，以便讀者閱讀使用。

四、本編所選文獻，每種前皆注明版本、著者。

五、本編文獻皆爲影印，原始文本掃描之後經過修復處理，仍存原式，少數文獻由於原始底本欠佳，略有模糊之處，不影響閱讀使用。

六、本編原始底本非一時一地之出版物，原書裝幀、開本多有不同，本書彙編之後，統一爲十六開右翻本。

目録

遠西奇器圖説（一）

遠西奇器圖説（一）

〔明〕王徵 譯繪

民國二十五年商務印書館影印《守山閣叢書》本

遠西奇器圖説

(一)

鄧玉函口授
王　徵譯繪

本館據守山閣叢書本影印初編各叢書僅有此本

遠西奇器圖説

欽定四庫全書提要

奇器圖說三卷諸器圖說一卷奇器圖說明西洋人鄧玉函撰諸器圖說明王徵撰徵涇陽人天啟壬戌進士官揚州府推官嘗詢西洋奇器之法於玉函玉函因以其國所傳文字口授徵譯爲是書其術能以小力運大故名曰重又謂之力藝大旨謂天地生物有數有度有重數爲算法度爲測量重則即此力藝之學皆相資而成故先論重之本體以明立法之所以然凡六

遠西奇器圖說　提要　一

十一條次論各色器具之法凡九十二條次起重十一圖引重四圖轉重二圖取水九圖轉磨十五圖解木四圖解石轉碓書架水日晷代耕各一圖水銃四圖圖皆有說而於農器水法尤爲詳備其第一卷之首有表性言解表德言解二篇俱極誇其法之神妙大都荒誕恣肆不足究詰然其製器之巧實爲甲於古今寸有所長自宜節取且書中所載皆裨益民生之具其法至便而其用至溥錄而存之固未嘗不可備一

家之學也諸器圖說凡圖十一各爲之說而附
以銘贊乃徵所作亦具有思致云

遠西奇器圖說錄最

奇器圖說乃遠西諸儒攜來彼中圖書此其七千餘部中之一支就一支中此特其千百之什一耳余不敏竊嘗仰窺制器尚象之旨而深有味乎璇璣玉衡之作一器也規天條地七政咸在萬禩不磨奇哉蔑以尚已考工指南而後代不乏宗工哲匠然自化人奇肱之外巧絕弗傳而木牛流馬遂擅千古絕響余甚慕之愛之間嘗不揣固陋妄製虹吸鶴飲輪壺代耕及自轉磨自行車諸器見之者亦頗稱奇然于余

心殊未甚快也偶讀職方外紀所載奇人奇事未易更僕數其中一二奇器絕非此中見聞所及如云多勒多城在山巔取山下之水以供山上運之甚艱近百年內有巧者製一水器能盤水直至山城絕不賴人力其器自能晝夜轉運也又云亞而幾墨得者天文師也承國王命造一航海極大之船船成將下之海計雖傾一國之力用牛馬駱駝千萬莫能運也幾墨得營作巧法第令王一舉手引之船如山岳轉動須臾即下海矣又造一自動渾天儀其七政各有本

動凡列宿運行之遲疾一一與天無二其儀以玻璃爲之悉可透視眞希世珍也職方外紀西儒艾先生所作其言當不得妄余蓋爽然自失而私竊嚮往曰嗟乎此等奇器何緣得當吾世而一覩之哉丙寅冬余補銓如都會龍精華鄧函璞湯道未三先生以候旨修歷寓舊邸中余得朝夕晤請教益甚讙也暇日因述外紀所載質之三先生笑而唯唯且曰諸器甚多悉著圖説見在可覽也奚敢妄余亟索觀簡帙不一第專屬奇器之圖之説者不下千百餘種其器多

用小力轉大重或使升高或令行遠或資修築或運芻餉或便泄注或上下舫舶或預防災祲或潛禦物害或自舂自解或生響生風諸奇妙器無不備具有用人力物力者有用風力水力者有用輪盤有用關捩有用空虛有即用重爲力者種種妙用令人心花開爽間有數製頗與愚見相合閱其圖繪精工無比然有物有像猶可覽而想像之乃其說則屬西文西字雖余鄉在里中得金四表先生爲余指授西文字母字父二十五號刻有西儒耳目資一書亦略知其

音響乎顧全文全義則茫然其莫測也於是亟請譯以中字鄧先生則曰譯是不難第此道雖屬力藝之小技然必先考度數之學而後可蓋凡器用之微須先有度有數因度而生測量因數而生計算因測量計算而有比例因比例而後可以窮物之理理得而後法可立也不曉測量計算則必不得比例不得比例則此器圖說必不能通曉測量另有專書算指具在同文比例亦大都見幾何原本中先生爲余指陳余習之數日頗亦曉其梗概於是取諸器圖說全帙

分類而口授焉余輒信筆疾書不次不文總期簡明易曉以便人人覽閱然圖說之中巧器極多第或不甚關切民生日用如飛鳶水琴等類又或非國家工作之所急需則不錄特錄其最切要者器誠切矣乃其作法或難如一器而螺絲轉太多工匠不能如法又或器之工值甚鉅則不錄特錄其最簡便者器俱切俱便矣而一法多種一種多器如水法一器有百十多類或重或繁則不錄特錄其最精妙者錄既成輒名之爲遠西奇器圖說錄最云客有愛余者顧而

言曰吾子嚮刻西儒耳目資猶可謂文人學士所不廢也今茲所錄特工匠技藝流耳君子不器子何敝敝焉於斯矧西儒寓我中華我輩深交固眞知其賢矣第其人越在遐荒萬里外不過西鄙一儒焉耳奚爲偏嗜篤好之若此余應之曰學原不問精麤總期有濟於世人亦不問中西總期不違於天茲所錄者雖屬技藝末務而實有益於民生日用國家興作甚急也儻執不器之說而鄙之則尼父繫易胡以又云備物制用立成器以爲天下利莫大乎聖人且夫畸

人罕遘紀學希聞遇合最難歲月不待明睹其奇而不錄以傳之余心不能已也故嚮求耳目之資今更求爲手足之資已耳他何計焉夫西儒在茲多年士大夫與之遊者靡不心醉神怡彼且不驕不吝奈何當吾世而覿面失之古之好學者裹糧負笈不遠數千里往訪今諸賢從絕徼數萬里外齎此圖書以傳我輩我輩反忍拒而不納歟諸賢寥寥數輩胥皆有道之儒來賓來王視昔越裳肅愼不啻遠之遠矣正可昭我明聖德來遠千古罕儷之盛邇來余省新從

地中掘出一碑額題景教流行中國碑頌乃唐郭子儀時所鐫千載如新與今日諸賢所傳敬天主之教一一若合符節所載自唐太宗以後凡六帝遞相崇敬甚篤也在昔已然今又何嫌忌之與有客又笑謂余曰是固然矣第就子言耳目有資手足有資而心獨可無資乎哉西儒縹緗盈室資心之書必多子不之譯而獨譯此器書何也余俯而唯唯曰有迹之器具麤可指陳無形之理譚猝難究竟余小子不敏聊以辨此足矣若夫西儒義理全書非木天石渠諸大

手筆弗克譯也此固余小子昕夕所深願而力不逮者其尚俟之異日客遂頷然而去余因併錄其言以識歲月旹天啟七年丁卯孟春關中涇邑了一道人

王徵謹識

遠西奇器圖說錄最凡例

一正用

重學

借資

窮理格物之學

度學

數學

視學

呂律學

一引取
勾股法義
圜容較義
蓋憲通考
泰西水法
幾何原本
坤輿全圖
簡平儀
渾天儀

天問略
同文算指
天主實義
畸人十篇
七克
自鳴鍾說
望遠鏡說
職方外紀
西學或問

西學凡

一制器器

度數尺

驗地平尺

合用分方分圓尺　兩端卽兩規矩

闔闢分方分圓各由一分起至十分尺

規矩

兩足規矩

三足規矩

兩螺絲轉圜闢定用規矩
單螺絲轉圜闢任用規矩
畫銅鐵規矩
畫紙規矩
作雞蛋形規矩
作螺絲轉形規矩
移遠畫近規矩
寫字以大作小以小作大規矩
螺絲轉母

活鋸

雙翼鑽

螺絲轉鐵鉗

一記號

號必用西字者西字號初似難記然正因其難記欲覽者恠而尋索必求其得耳況號止二十形象各異又不甚煩不甚難乎今將西字總列于左即以中字並列釋之以便觀覽且欲知西字止二十號耳可括

萬音萬字之用

a e i o u ç ch k p t j v f g l m n s x h

丫額衣阿午則者格百德日物弗額勒麥搦色石黑

以上記號蓋因圖中諸器多端須用標記

而後說中指其記號一一可詳解耳用之

不盡不論也圖之簡明易知者則不用

一每所用物名目

柱

長柱

短柱

梁

横梁

側梁

架

高架

方架

短架

横杆

軸
立軸
平軸
斜軸
觚軸
輪
立輪
攪輪
平輪

斜輪
飛輪
行輪
星輪
鼓輪
齒輪
輻輪
觚輪
燈輪

水輪

風輪

十字立輪

十字平輪

半規斜輪

木板立輪

木板平輪

鋸齒輪

半規鋸齒輪

上下相錯鋸齒輪

左右相錯鋸齒輪

曲柄

左右對轉曲柄

上下立轉曲柄

單轆轤

雙轆轤

滑車

推車

曳車
駕車
玉衡車
龍尾車
恒升車
索
曳索
垂索
轉索

活桔槔

一諸器所用

用器

用人

用馬

用風

用水

用空

用重

用槓

用輪

用龍尾

用螺絲

用秤杆

用滑車

用攪

用轉

用推

用曳
用揭
用墜
用薦
用提
用小力
用大力
用一器
用數器

用相等之器

用相勝之器

用相通之器

用相輔之器

一諸器能力

能以小力勝大重

能使重者升高

能使重者行遠

能使在下者遞上而不窮

能使不動者常動而不息
能使不鳴者自鳴
能使不吹者自吹
能使大者小
能使小者大
能使近者遠
能使遠者近
一諸器利益
省大力

免大勞
解大苦
釋大難
節大費
長大識
增大智
致一切難致之物平易而無危險

一全器圖說
起重圖說

代耕圖說
水銃圖說
取力水圖說
書架圖說
人飛圖說

遠西奇器圖說錄最卷第一　守山閣叢書　子部

明西洋鄧玉函口授

關西王　徵譯繪

金山錢熙祚錫之校

奇器圖說譯西庠文字而作者也西庠凡學各有本名此學本名原是力藝力藝之學西庠首有表性言且有解所以表此學之內美好次有表德言所以表此學之外美好今悉譯其原文本義兩列於左

力藝原名

表性言

力藝重學也

力是氣力力量如人力馬力水力風力之類又用力加力之謂如用人力用馬力用水風之力之類藝則用力之巧法巧器所以善用其力輕省其力之總名也重學者學乃公稱重則私號葢文學理學算學之類俱以學稱故曰公而此力藝之學其取義本專屬重故獨私號之曰重學云

原解表性言

蓋此重學其總司維一曰運重

凡學各有所司如醫學所司者治人病疾算學所司者計數多寡而此力藝之學其所司不論土水木石等物則總在運重而已

其分所有二一本所在內曰明悟一借所在外曰

圖籍

人之神有三司一明悟二記含三愛欲凡學者所取外物外事皆從明悟而入藏於記含之內

異日明悟變之而欲用之直從記含中取之足矣此學之本所在內者也至古人已成之器之法載在圖籍則又吾學之借所也故曰在外

其造詣有三一由師傳一由式樣一由看多想多做多

凡學皆須由此三者而成而此力藝之學賴此三者更亟不得師傳不會做不有式樣亦不能憑空自做兩者皆有矣而眼看不熟心想不細手做不勤終亦不能精此學葢大匠能與人規

矩不能使人巧巧必從習熟而後得也故曰習
慣如自然三者並重而第三尤爲切近何也師
傳易明但師不克常在則難式樣最便然亦有
有式樣而不能便惺然者故自已看多想多做
多尤切近也

其作用有四一爲物理二爲權度三爲運動四爲
致物

理如木之有根本也木有根本則千枝萬實皆
從此生故人能窮物之理則自能明物之性一

理通而衆理可通一法得而萬法悉得矣窮理原爲學者之急務而於此力藝之學尤爲當務之首理既窮矣假如兩理不知誰重誰輕則必權之度之理因相比而可較然其自分也故權度次之夫理窮而權度亦既審矣夫然後遇物之重者舉人力所不能運所不能動者以此力藝學之法之器而運動之無難也故運動又次之領運動何爲總欲致其物耳假如人生有飢有寒則思致飲食致衣服諸物避風避雨則思

致城郭致宫室諸物防物害防敵攻則又思致干戈致火器諸物凡此諸物非此力藝之學莫能致之故以致物終之者正以明此學大用之終竟耳四用似有先後而實皆相聯假如欲致物不得運動法則不能致欲運動不得權度則運動無法而權度不根諸窮理則將孰權孰度焉故四者相須總爲此學之大用

其所傳授因起則有五一始祖遞傳二窘迫生心三觸物起見四偶悟而得五思極而通

相授之原從人之始祖亞當受之造物主以後遞相傳於子孫然特傳其耕作器耳至後將近四千年有一大人名亞希默得新造龍尾車小螺絲轉等器又能記萬器之所以然今時巧人之最能明萬器所以然之理者一名未多一名西門又有繪圖刻傳者一名耕田一名剌墨里此皆力藝學中傳授之人也其云窘迫生心者如因饑寒所迫則思作飲食作衣服因風雨所迫則思作城郭作宮室因物害敵攻所迫則思

作干戈作火器之類是也觸物起見者如觸於魚之搖尾水中則因之作柁觸於魚之以翅左右則因之作櫓觸於松鼠之伏板豎尾渡水則因之作帆之類是也偶悟而得者如一國王以純金命一匠作器匠潛以銀雜之王欲廉其弊弗得也亞希默得因浴而偶悟焉謂金與銀分兩等而體段大小不等金重而小銀重而大以器入水驗其所留之水誰多誰寡則金與銀辨矣遂明其弊而匠自服罪之類是也思極而通

者人能常思常慮則心機自然細密明悟自然開發所謂思之思之又重思之思之不得鬼神將通之者是也此數者雖不由傳授然有因而起故統系傳授之下而另列之爲因起云

論其料曰理曰法縱千百其無盡

料者力藝學中之材料也如一重物難起或用人力或用馬力或用關棙或用輪盤一法不足百法助之其機種種不同其材料不越理法兩端隨人明悟相度取用可千變萬化而不窮也

核其模有體有制實次第而相承

模卽體制葢有材料而不有體制作模則必不能成一器然體制雖或千百不同而其實則各各次第相承而不紊譬如自鳴鐘大輪小輪其中名目甚多必一一次第相聯而後可以自鳴也一紊其序則不成其用矣

所正資而常不相離者度數之學

造物主生物有數有度有重物物皆然數卽算學度乃測量學重則此力藝之重學也重有重

之性理以此重較彼重之多寡則資算學以此重之形體較彼重之形體大小則資測量學故數學度學正重學之所必須蓋三學均從性理而生如兄弟內親不可相離者也

所借資而間可相輔者視學及律呂之學

夫重學本用在手足而視學則目司之律呂學則耳司之似若不甚關切者然離視學則方圓平直不可作離律呂學則輕重疾徐甘苦高下之節不易協況夫生風生吹自鳴等器皆借之

律吕故兩學於重學雖非內親乎而實益友可
相輔而不可少也
此其取精也旣厚則其奏效也必宏故能力甚大
其所裨益於人世者良多也命曰重學學者其可
忽諸
夫此重學旣從度數諸學而來其學可謂博而
約矣原非一蹴而成功自可隨奏而輒效只就
起重一節言之假如有重於此數百千人方能
起或猶不能起而精此學者止用二三人即能

起之此其能力何如也既省多力又節大費且平實而不致險危其裨益於人世也又何如故名以重學雖專爲運重而立名亦以見此學關繫至重有志於經世務者不宜輕視之耳

或問表性言一句耳而解奚爲如此之多曰此學最奇亦最深不詳解不能遽曉此中之妙之法之性理故解已詳而余復爲詳註之者總期人人之易曉也

力藝內性圖

先

- 所：明悟　圖籍
- 傳：窘迫　觸物　偶悟　思極
- 造：師式　想習

本

- 料：日理　日法
- 資：度學　數學　視學　律呂
- 模：有體　有制

後

- 司：一總　曰重
- 用：窮理　權度　運動　致物
- 效：容易　節省

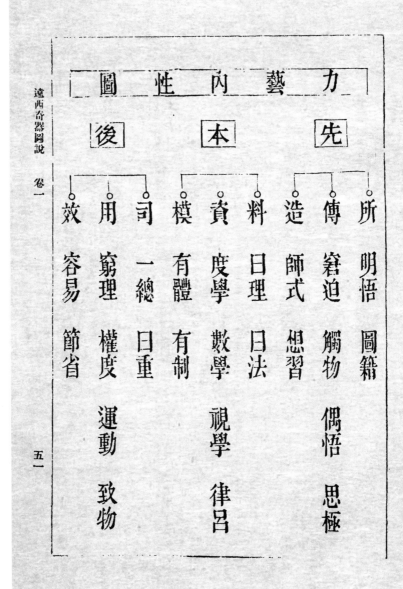

力藝

表德言

前所表者重學之內性耳茲復表其外德

是重學也最確當而無差

天下之學或有全美或有半美不差者固多差之者亦不少也惟算數測量毫無差謬而此力藝之學根於度數之學悉從測量算數而作種種皆有理有法故最確當而毫無差謬者惟此學爲然非如他學此或以爲可彼或以爲否此

或見以爲是彼復駁以爲非者比葢人同具明悟知其所以然自不得不是之非強也間有差亦非此學之差則器之材質或有差不則人之所作如法與不如法耳

至易簡而可作

葢器之公者止有一器之所以然亦止有一且至爲明白不依賴於多體況其體相聯不多如通一體則他體可以相推但一留心自可通曉不似他學費盡心力而猶或不易曉也其理易

明其法有迹而易見其器又悉有成式而可擬
故此學至易至簡而人人可作
然奇古可怪聞者似多驚詫非常
人多勝多或人多而勝寡不怪也人寡能勝人
多則可怪如以大力運大重奚足怪今用小小
機器輒能舉大重使之升高使之行遠有不驚
詫爲非常者鮮矣然能通此學知機器之所以
然則怪亦平常事也試觀千鈞之弩惟用一寸
之機萬斛之舟祇憑一尋之柁豈不可怪而世

因常常用之則亦視爲日用家常物耳

而精妙難言見之自當喜慰無量

饑得餐渴得漿則自生喜慰而此精妙之器乃吾人明悟之美味也同具明悟者寧能不喜況有大重於此用大力多力不能起者一旦用小力而大重自起見之有不喜慰者乎故器之精妙筆舌難盡形容但人一見器之精妙未有不歡欣慰悅者也昔亞希默得欲辯金與銀雜之故不得偶因沐浴而悟得其故則歡慰之極至

於忘其衣著赤身報王是一證也

堪爲工作之督府

凡工匠皆有二等一在上一在下下者奉上之命躬作諸務有同僕役上者指示方略而不親操斧鑿者也自有此學總百工之在上者亦皆在下而此學獨在其上蓋百工之在上者非此宗工無所取法無所禀承其尊貴有五一能授諸器於百工二能顯諸器之用三能明示諸器之所以然四能於從來無器者自創新器五能

以成法輔助工作之所不及故曰督府云

可開利益之美源

民生日用飲食衣服宫室種種利益爲人世急需之物無一不爲諸器所致如耕田求食必用代耕等器如水乾田乾水田必用恒升龍尾轆轤等器如榨酒榨油必用螺絲轉等器如織裁衣服必用機車翦刀等器如欲從遠方運取衣食諸貨物必用舟車等器如欲作宫室所需金石土木諸物必用起重引重等器人世急需之

物何者不從此力藝之學而得故卽稱爲衆美之源可也不寧惟是卽救大災捍大患如防水害則運大石以築堤防火災則用吹筒以灑水遇猛獸則用弓弩刀鎗遇大敵則用拂郎大銃就中以寡勝衆之妙不能盡述則夫通此學者寧非濬開萬用之美源也哉推而廣之如鑿礦砂采取金鐵資貿易兵甲之費製風琴自奏音響佐清廟明堂之盛自鳴鐘自報時刻濟日晷晴陰之窮諸般奇器不但裕民間日用之常經

抑可裨國家政治之大務其利益無窮學者當
自識取之耳
公用則萬國攸同
夫文物之邦無器不用固矣乃窮荒絕徼如緣
頭國人在北極出地七十多度之下無城郭州
縣可謂至僻之地至野之國矣亦知用皮船取
水族用弓矢取鳥獸然則器用之公普大地無
不同然何其廣耶
創垂則千古不異

造物主造有天地以後至洪水時人民衆多有一國王是女主名塞密刺密造一大府名巴必暖其城周六萬步高二十丈廣厚五丈周造城樓二百五十座用役一百三十萬人一年造完彼時無器不有無器不用傳至於今新新不已豈不干古如常也哉

制器之初本於人祖

造物主造有天地即造有人之始祖名亞當者與其妻名厄襪者置之地堂良和之處其初人

無病疾亦無老死五穀果木等類皆大地自然
生成不勞人力其中一切鳥獸聽命於人無有
毒害自亞當與厄襪不遵主命犯誡得罪以後
遂爾五穀難生鳥獸毒害有饑有寒有病有死
男子則罰其耕田勞苦女子則罰其生育艱辛
於是亞當始作耕田等器自求衣食故器用皆
從始祖創制葢亦繼天而立極半從人力半從
天巧而得之者也
立法之妙合乎天然

天下之物皆天然自生自成而此器之法乃因物理而生而成所謂有物必有則者此也然法雖由於造作而比於生成之物則或有相似有相帮有相勝有相笑者非一端也譬如天體晝夜自行運旋而器之自轉磨自行車自鳴鐘等類輒能一一與天相似人之耳目手足自視自聽自行自持而器之製成人像者輒又手能自持自起足能自行自止目能自閉自張一一與人相似不謂巧擬化工矣乎間有物力人力不

能及者或以螺絲龍尾轆轤輪盤或用風用水用空皆可使之助其不及是爲相帮所云參贊輔相殆亦此義歟至於以小力起大重運大重轉大重雖至重之物悉足勝之無難是天地間無有勝過此器者矣且重之性原在下而此器不特勝之更能使重者自上而不覺如龍尾取水水止知其巳下也而不知其巳上也豈不可笑也哉有此數端故云立法之妙合乎天然詎曰小道之可觀實爲大學之急務然此特撮其

梗概下文方細爲敷陳

力藝外德圖

一　最確當
二　至易簡
三　似可怪
四　實可喜
五　工之督
六　美之源
七　徧萬方
八　傳千古
九　始人祖
十　合天然

力藝

四解

前內性外德特總括此學之大略耳其詳解更有四端列爲四卷如左

第一卷重解

此學總爲運重而設儻無重何必運且將何運故重之解列爲一卷

第二卷器解

重不得起須用器而起器不一而足也器之中

又求最巧之器故器之解列爲一卷

第三卷力解

巧器用以起重引重轉重固矣然器必借力而運或人力馬力或風力水力或卽借重物之力故力之解列爲一卷

第四卷動解

有重於此或欲升之高或欲致之遠或欲令其轉旋往來而不已此皆運動法也或薦或揭或推或曳或手轉足躡種種不同故動之解列爲一卷

遠西奇器圖說重解卷第一

款凡六十二

第一款

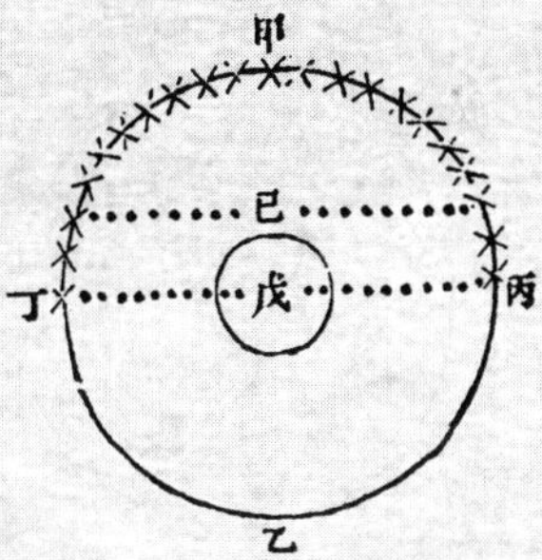

最重無過於地地在天之下必在中心

試觀上圖甲乙丙丁爲星天戊爲大地丁丙爲地平人常見者自丁至甲至丙爲半天故知地在天之下中心也儻使地或在已則其徑特爲少半而星在丁丙上者不得見矣

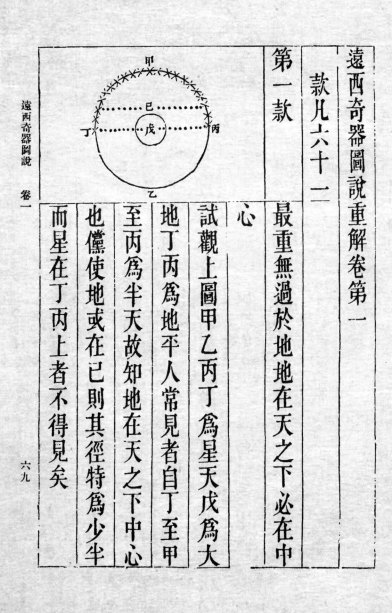

第二款

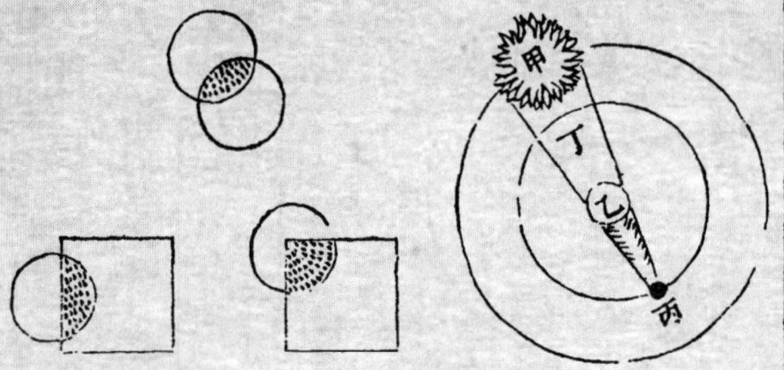

次重無過於海海附於地合爲一球試觀上圖甲爲日輪乙爲地海丙爲月丁爲日影日在地下月在天上日過地則有影影遇月則爲月食惟地與海合爲圓球其影亦圓故月食漸漸如半規也觀第二圖自見儻地形是方則其影亦方月食當截然如直線之形不作半規形矣詳具天文書中

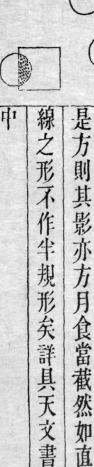

第三款

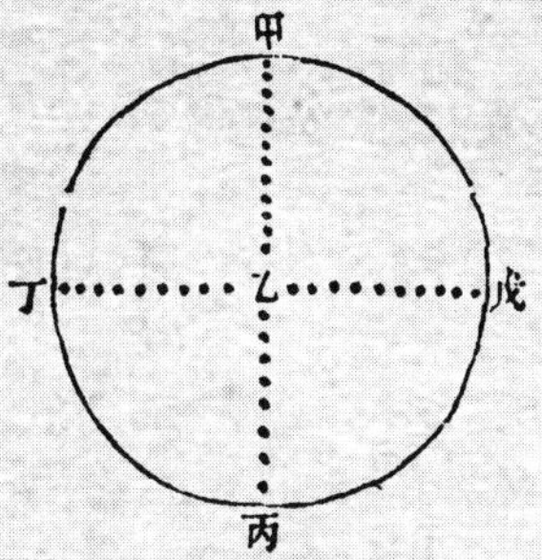

重之廣大無過地球其面與其心相距一萬餘里

每圓界三百六十度所以地球圓界亦有三百六十度每度有二百五十里所以相乘得九萬里因圓界甲丙丁戊有九萬里所以甲至丙徑用二十二與七比例得二萬八千六百三十三里自甲至乙半之得一萬四千三百十六里餘故云地球之面與其

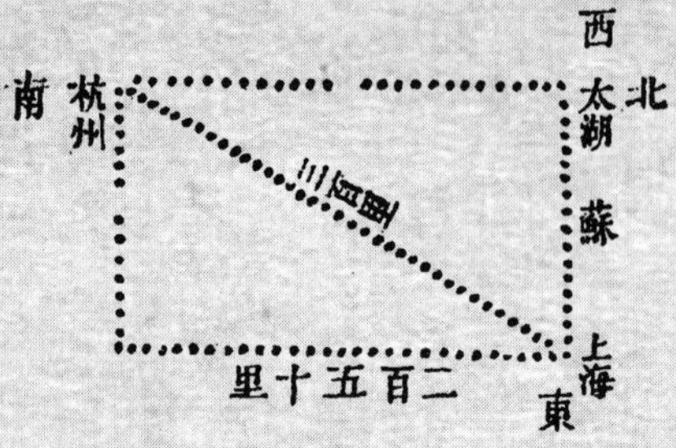

心相距一萬餘里也何以知一度有二百五十里耶假如杭州北極出地三十度十三分上海北極出地三十一度十三分是相距爲一度矣上海雖在東北但與蘇州太湖東西相對所以南北同度計曲路三百餘里正路則止有二百五十里耳第二圖自明

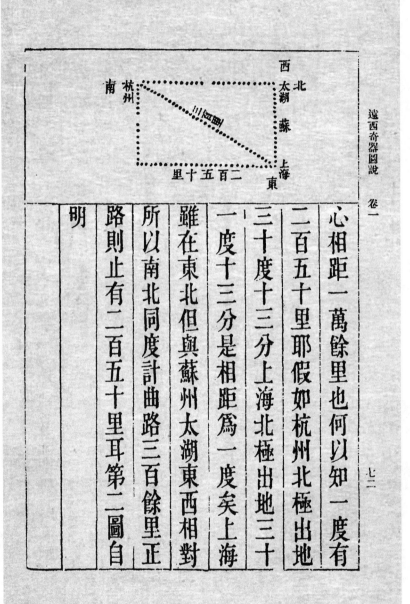

第四款

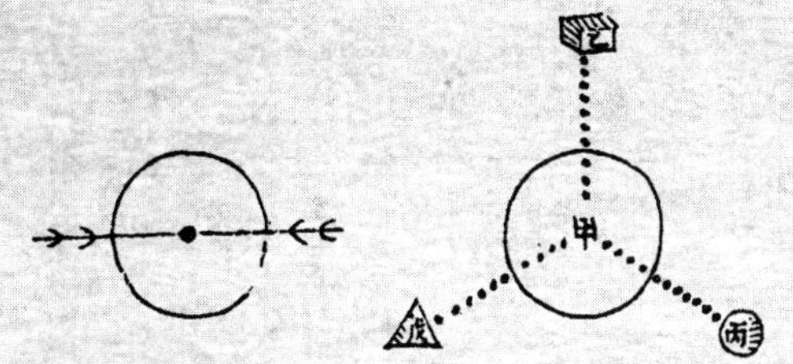

重何物每體直下必欲到地心者是試觀上圖圓爲地球甲爲地球中心乙丙戊皆重物各體各欲直下至地心方止蓋重性就下而地心乃其本所故耳譬如磁石吸鐵鐵性就石不論石之在上在下在左在右而鐵必就之者其性然也重物有二一本性就下一體有斤兩

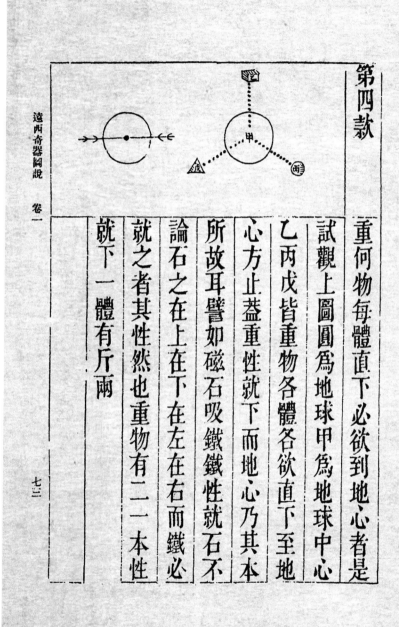

第五款

物之本重

本重者如金重於銀銀重於鐵之類是也蓋金與銀體段一樣而金重銀輕是金之質原本重於銀也非以一兩金與十兩銀相較之重故曰本重云

第十六款

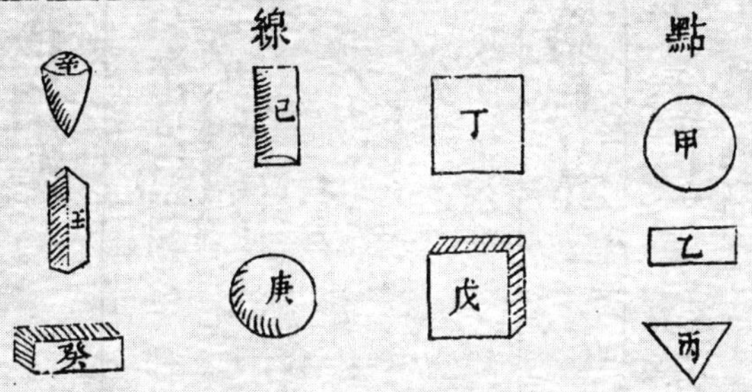

重之體必定自有點線面形
內有容外有限曰形其中點爲形心
有直線過心兩邊不出限者爲徑線
形有二一面形一體形假如上圖點
線之外甲平圓乙長形丙三角丁方
形等俱是面形體形有三度或長或
闊或厚如上戊己等體是也

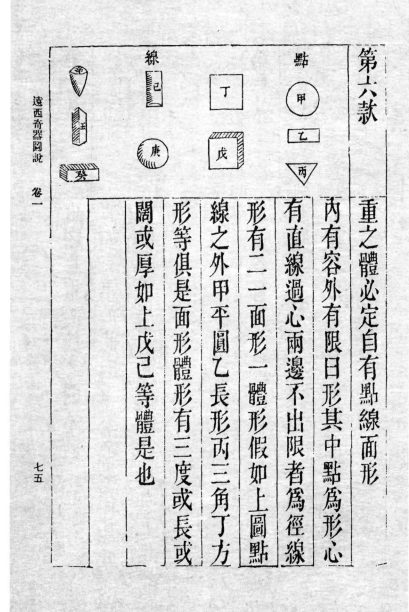

第七款

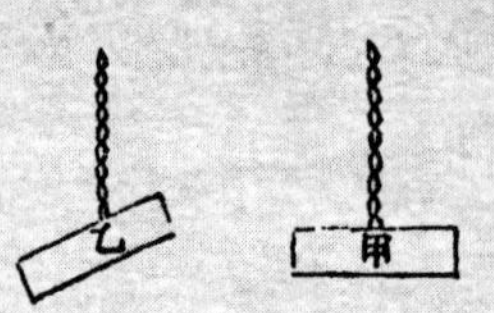

重之心重繫於心則不動

假如有重於此以線繫之果在其心如甲則不偏不動儻不在心如乙則必偏且垂下矣

第八款

每重各有其心

假如有重於此兩邊重相等則重心必在其中無疑也每重但有一重心

第九款

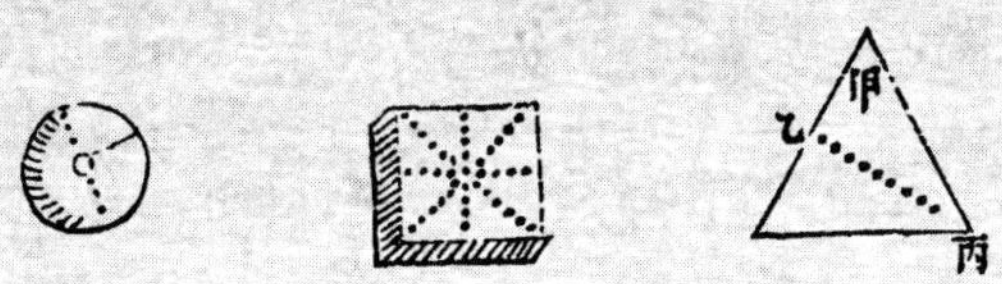

有直線過重心不出兩限者爲重之徑

假如甲三角形重之心在中點直線從乙至丙過中心則爲重之徑也諸重皆然如上立方圓三徑皆從重心直過故重之徑無窮盡也

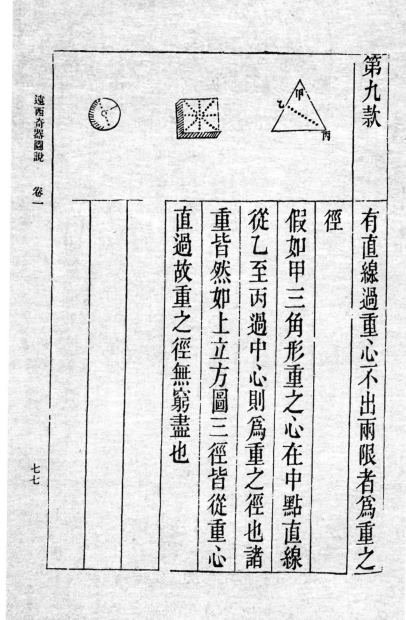

第十款

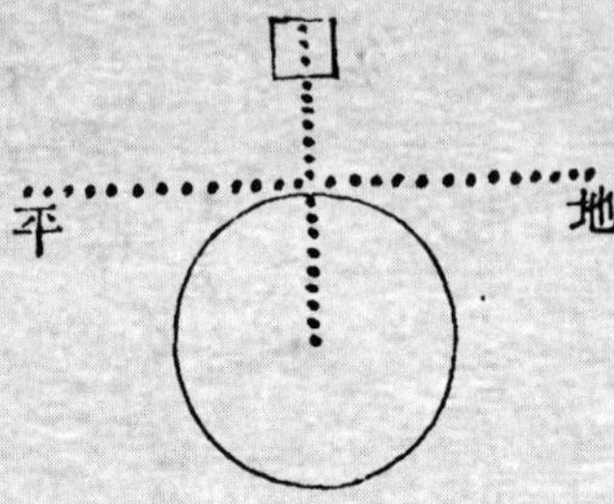

有重線過地心交於地平作兩直角者爲重之垂徑

假如上圖圓爲地球中有地心横有地平線上有方重其線過地心交於地平線作兩直角故其立線爲重之垂徑也

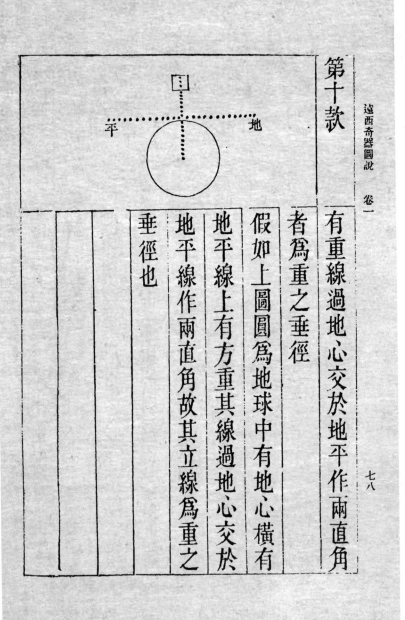

第十一款

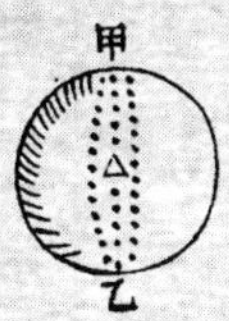

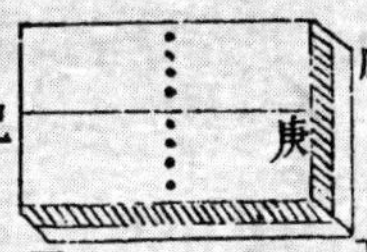

有重體不論正斜皆有徑線從徑線分破其側面卽爲重之徑面

假如上圓圖徑線甲乙從徑線開之卽作兩半球半球平面卽重之徑面也又如上方圖丙丁戊爲外周徑線分之則兩半方形其分開之內兩平面卽重之徑面也如從已庚徑線開之則兩側面卽重之徑面也因徑面常過重心所以兩分相等

第十二款

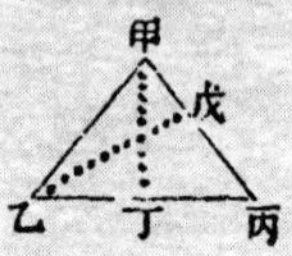

有三角形從角至對線於中作一直線直線內有重之心

假如從甲角至乙丙對線作一直線於丁分兩平分必定甲丁之內有重心也乙至戊亦然

第十三款

有三角形其重心與形心同所

假如上三角形甲爲形心亦爲重心

第十四款

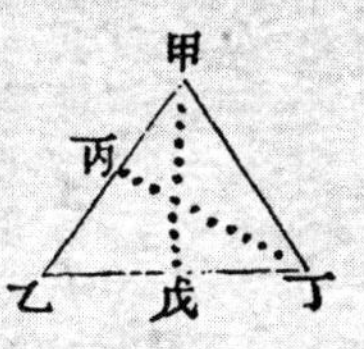

求三角形重心

法曰有三角形各分兩分起線各至角爲一直線相遇十字交處便是重心假如上甲與乙中分有丙丙至丁爲一直線次丁與乙中分有戊戊至甲爲一直線兩直線相遇十字於心即得所求

第十五款

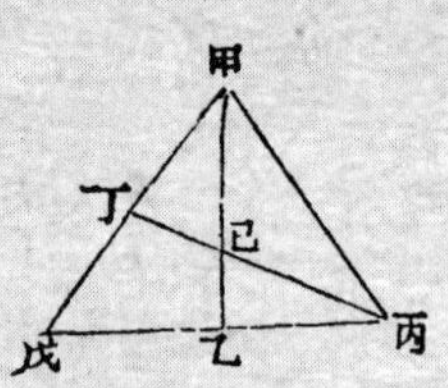

有三角形每直線從角過重心到對線其分不等爲二倍比例

假如上圖甲乙從角過心到戊丙對線爲兩分甲己線大於己乙線二倍其丙己線亦二倍大於己丁線

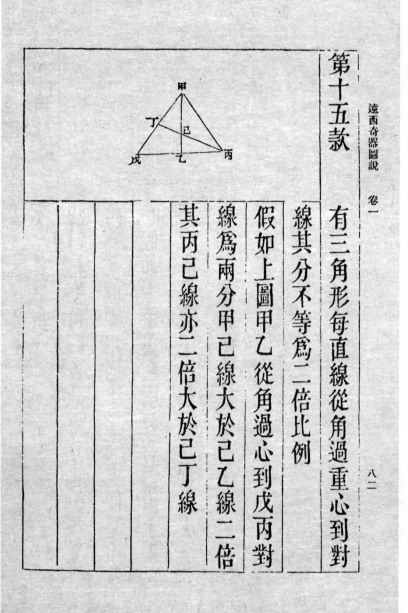

第十六款

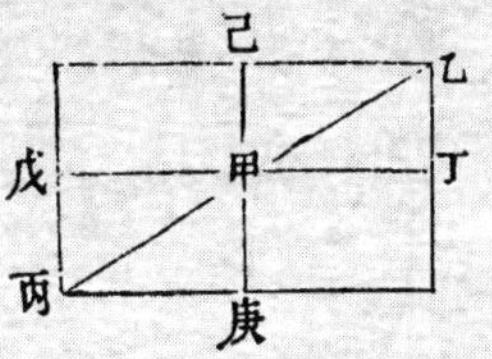

有法四邊形其重心分兩平分爲徑

假如上圖四邊有法長方形其重心是甲其徑乙丙爲一線丁戊己庚各一線各線每徑長短不同俱兩平分

第十七款

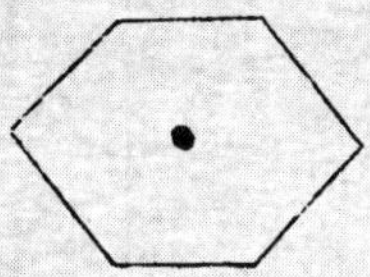

有法多邊形其重心形心同所

假如上六角形其角等其邊亦等是名有法多邊其重心與形心總是一心

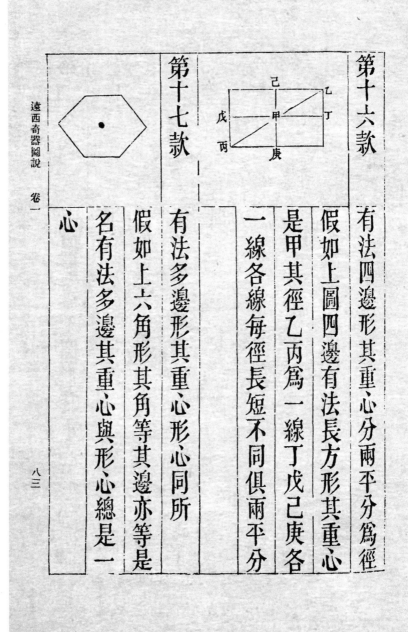

第十八款

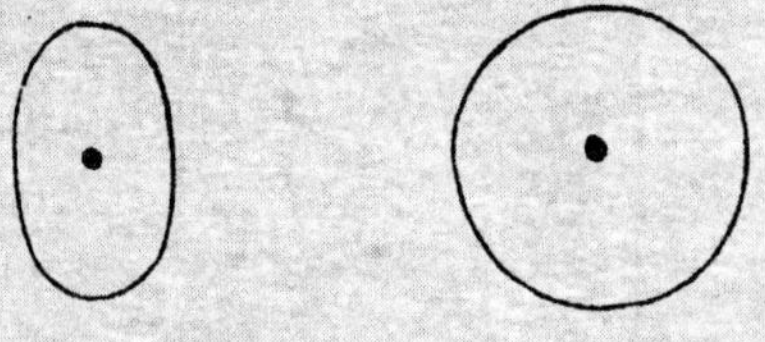

平圓與雜子圓形其重心形心亦同
所
圓界與多邊形相似故其心皆同其
雜子形與平圓形亦相似故其心亦
同

第十九款

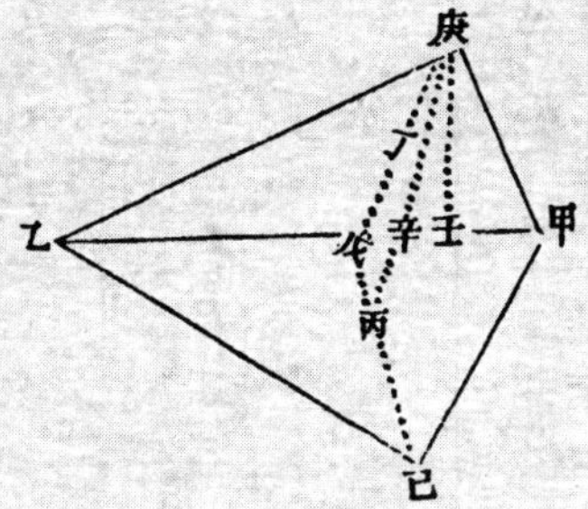

求直線平形之重心

假如上無法四邊形先分作兩三角形從對角打兩垂線到分線上甲與乙分既成兩三角形用前十四款求三角形重心法即得丙丁兩心丙與丁作直線次用比例法戊己大垂線與庚壬小垂線比例等於丙辛與辛丁比例辛乃所求之重心也

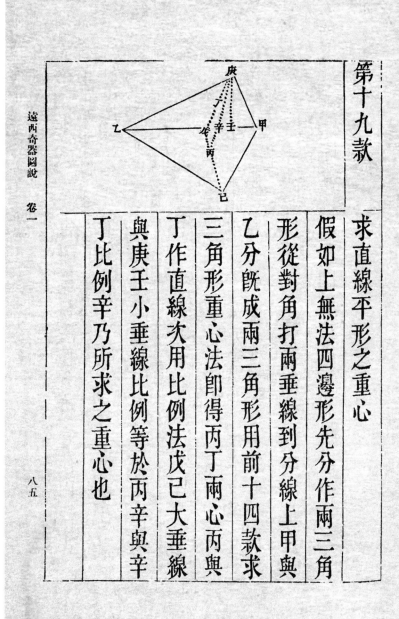

第二十款

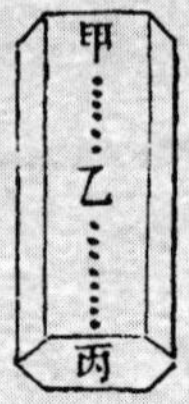

每多稜有法柱其重心在內徑中

假如上立方六稜柱其重心在方徑內心甲至丙爲內徑就是其軸乙之內心乃其重心也

第二十一款

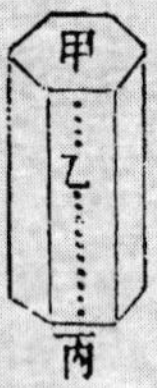

每多稜有法體其重心形心俱同所

假如上八稜有法柱甲乙丙是其內軸乙即其重心形心是也

第二十二款

有體求其重心

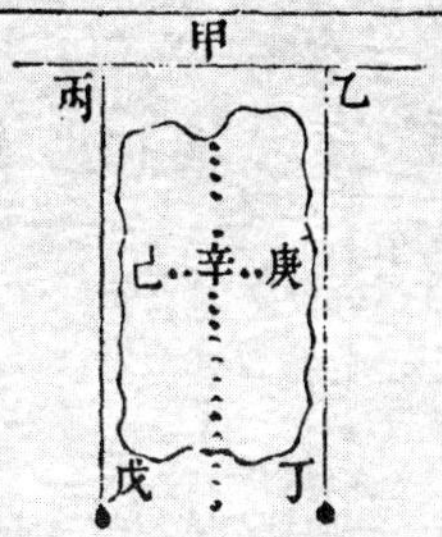

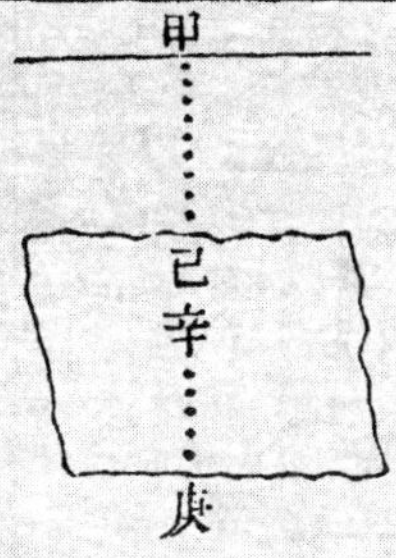

假如上無法之面欲求重心先於上作平線繫甲次於乙垂一直線緊靠一邊又次於丙亦作一垂線緊靠一邊即從甲上往下以墨直點作線乙至丁丙至戊兩線是徑之面復轉繫體再如乙丁丙戊作兩線如前就得第二徑之面即向上端下端看兩線十字交處即得重心之徑也又將繫體橫轉從己處繫於甲上求徑線至庚亦向十字交處看之則得辛是重心也

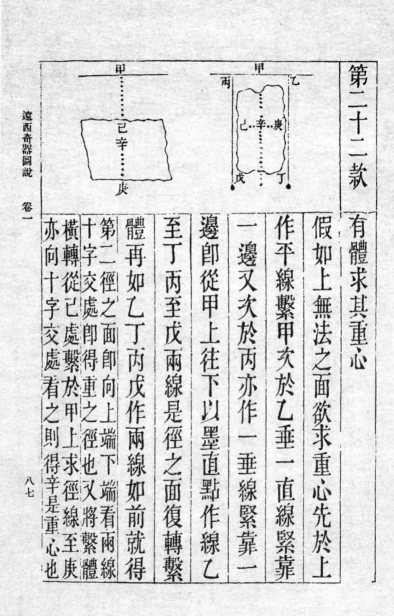

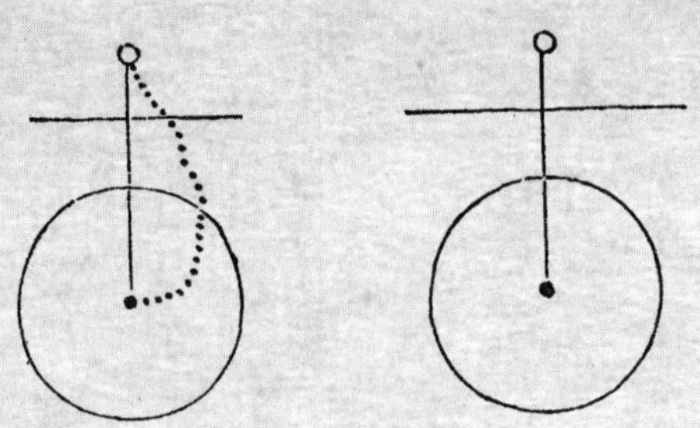

第二十三款

每重不在其所則必下俯地心作正垂線

天下之物各有本所物之性亦各喜得本所每物不在其所則必與性相反且別物得以攻之故各就本所乃各物之所喜向也假如火本炎上使之入水則非本所便就滅息重之性下水土其本所也且物性直捷重之垂下不作迂曲況天下之物性最巧直線之途必短迂曲之線其途甚長物喜短捷之便故不肯拂性而迂曲也

第二十四款

每體重之更重必在重之心

假如重物長短厚薄方圓爲體不一而每體必有更重者爲重之心譬人身之内有心一家之内有長爲一體中之主故也

第二十五款　重下墜其心常在垂線

如上圖三角形心墜下必在直線不然必左傾右倒不能直下矣所以重物在空更重者雖在上亦必先轉向下

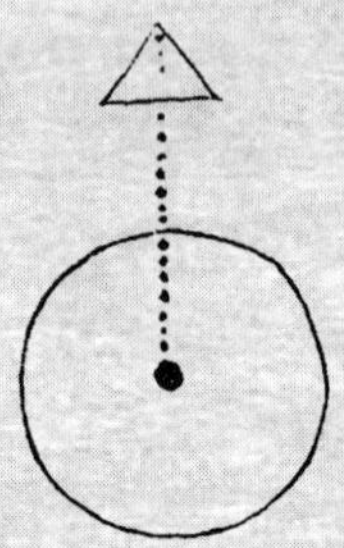

第二十六款　有重繫空或高或低其重常等

如上圖或在甲在乙在丙其重之斤兩常等

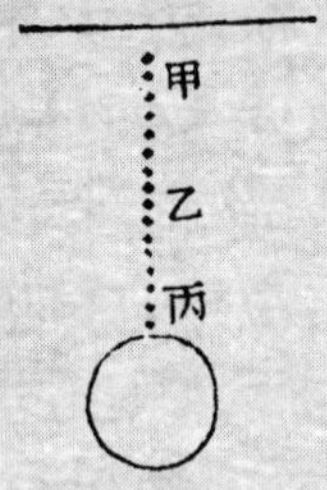

第二十七款

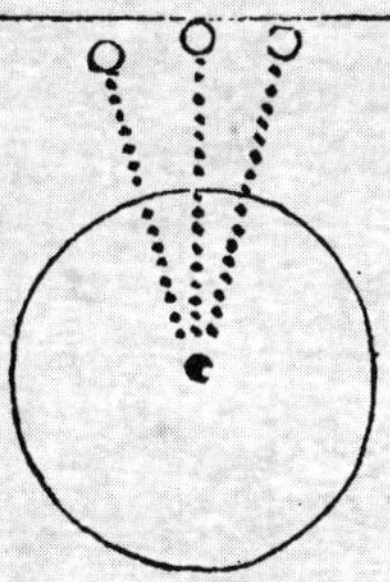

每垂線相距似常相等

每重垂線引長必到地心所以每垂線之末必與地心相合前第三款之圖已明此垂線非平行線也但如後旁圖長短四樣三角形最近則兩直線之尖相合亦最大最遠則兩直線之尖相合最小而直線初分祇覺其平行不見其末之相合故以爲相距似也

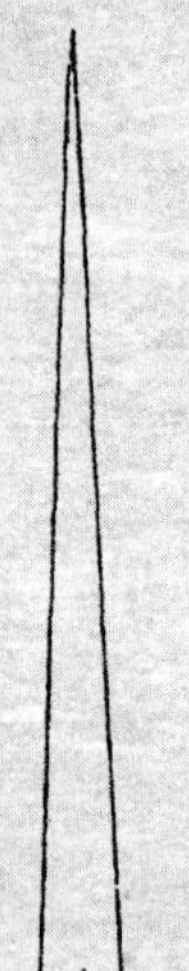

以上止明一重之理今又以兩重相比言之

第二十八款

每重徑面分兩平分

兩平分者既從重心之徑而分自然兩重相等爲兩平分也

第二十九款

有兩體其重等其容亦等爲同類之重

假如上兩圓球其體俱是鉛其大等其重自等所以名爲同類之重

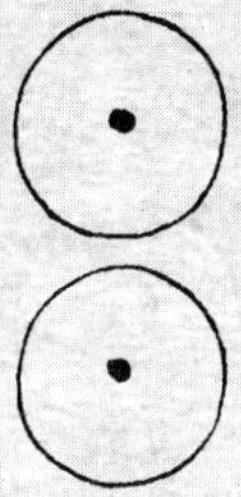

第三十款

同類之重有重容之比例等

假如上大方圖八倍於小方圖其重爲十六斤則小方圖之容自八倍小於大方圖之容其重當爲二斤也

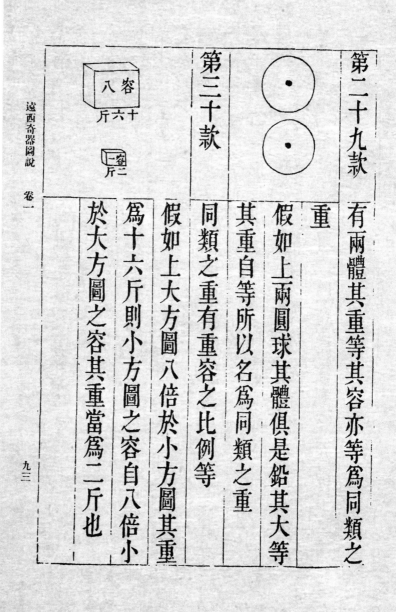

第三十一款

有兩重其容等其重不等爲異類之重

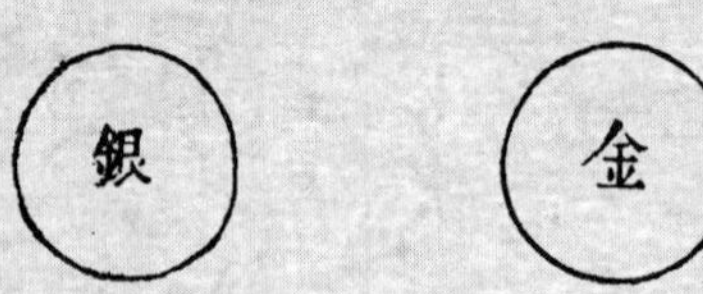

假如上有兩體形相等但一是金一是銀其重自不相等何也金之體殆將二倍於銀所以名爲異類之重或問金何以重於銀將近二倍也曰金之體最密而稠試觀作金箔者一兩金可作數萬張銀則不及故耳

第三十二款

重之類有二曰乾曰溼

乾如金石土木之類不流者是溼如

水油酒漿或銀水之類但能流者是

第三十三款

每乾重繫於直線而想直線有兩德

一無重一不破

想者未有直線而先有無形直線之

想也故無重故不破

第三十四款

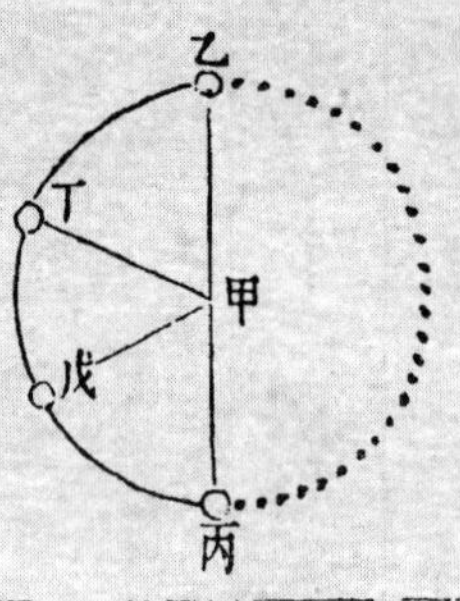

有重插於直線或在上或在下但在垂線中者不動不則必動而轉下

假如上圖甲爲直線不動之一端重在乙是正在垂線之上而居中者也不動重在丙是正在垂線之下而居中者也不動或丁或戊則必動而轉下作圓觚線

第三十五款

水搏不得

假如有銅球於此水已滿其中矣欲再强加别水必不得雖銅球分裂亦必不能再加何也水體最密最稠再搏不去故也

第三十六款

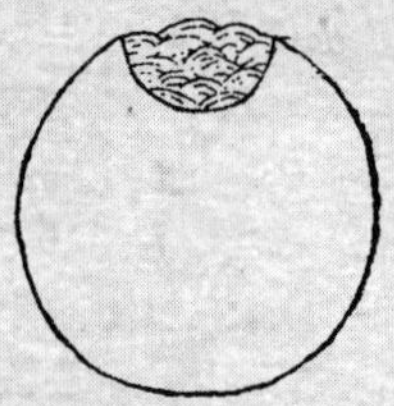

水面平

水隨地流地爲大圜水附於地其面亦圜

前第二款已言之矣而兹復云水面平者何葢大圜不見其圜衹見其長故亦衹見其平面耳

假如地平之上有低凹處四周水來必滿凹處與地相平而後流焉故水隨地而圜亦隨地而平也

第三十七款

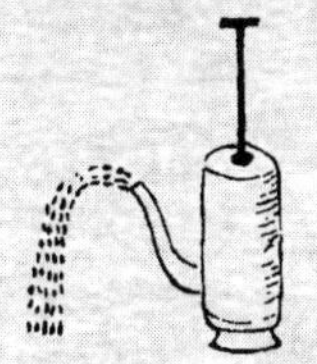

有水在器被迫則必旁去

其所以然已見三十五款水搏不得之下此又明其一所不容兩體故他體一入此體被迫而必旁溢去也

第三十八款

天下水皆同類

江河溪海水性無不同者但水之鹹者則其體微爲重耳

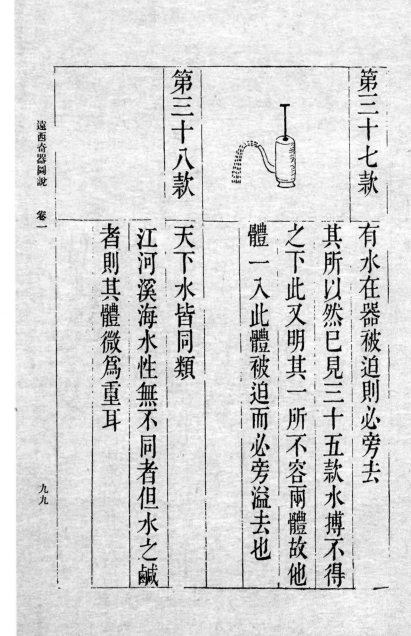

第三十九款

有水之重求其大

假如壺中有水十三斤不知其大爲幾斗或幾升或幾合也

法曰一尺立方容水六十五斤今用三率法

一　六十五斤　一尺壺中容水

二　十寸　就如一尺之容

三　十三斤　壺中有水

四　二寸　原壺之大

第四十款

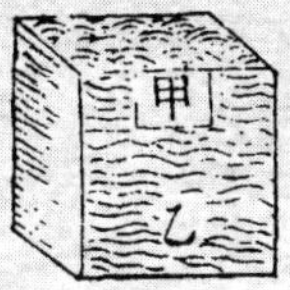

有定體其本重與水重等則其在水不浮不沉上端與水面準

如上圖乙爲水庫之容甲爲定體之重定體與水重既等則定體上端必平與水面相準也

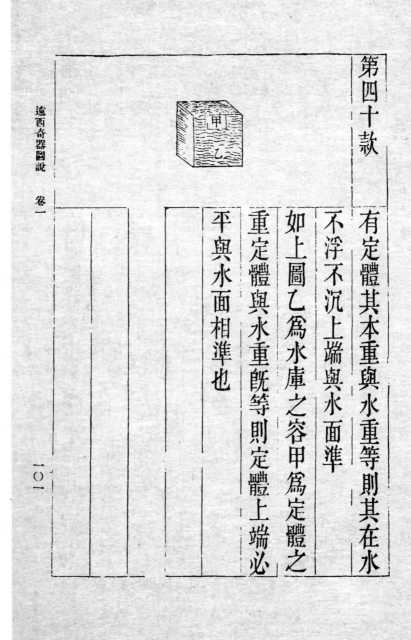

第四十一款

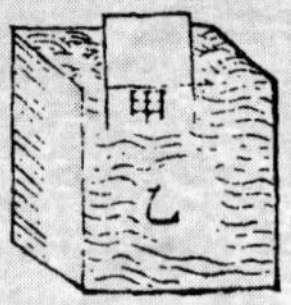

有定體其本重輕于水則其在水不全沉一在水面之上一在水面之下如上圖乙爲水庫之容甲爲定體之重定體既輕于水則半沉半浮葢因水更重所以驅定體而少上焉耳

第四十二款

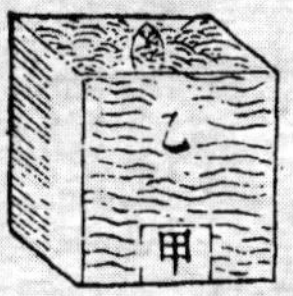

有定體其本重重于水則其在水必沉至底而後止

如上圖自明或有乾板薄而寛大或是金或是鉛但平平徐置水面則亦不沉何也薄而寛大則板上之氣與板體相合氣與水面相逼故雖金鉛本重而不致沉也但有小隙上水則必沉矣

第四十三款

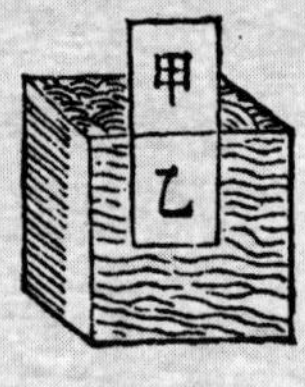

有定體本輕于水其全體之重與本體在水之內者所容水同重

假如上水內立方是木甲浮水外乙沉水內甲乙全重只以沉水多半體爲則多半體所占是水重卽是本體重

第四十四款　有定體在水即其沉入之大求其全體之重

假如甲乙是全體在水內外但知乙在水內之容爲一萬尺求其全體甲乙之重用三率法一尺容當六十五斤則知全體該六十五萬斤重也

第四十五款

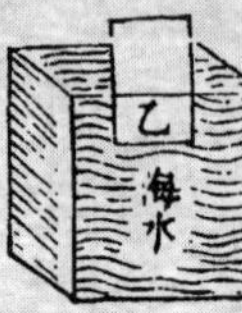

兩水或重或輕有兩體同類相等其重水與輕水之比例卽兩體沉多沉少相反之比例

假如一是海水一是河水海水自重于河水但看上兩體俱同而甲沉入之多與乙沉入之少則輕重之比例見矣如甲入水視乙之入水爲二倍則海水必重于河水二倍也

第四十六款

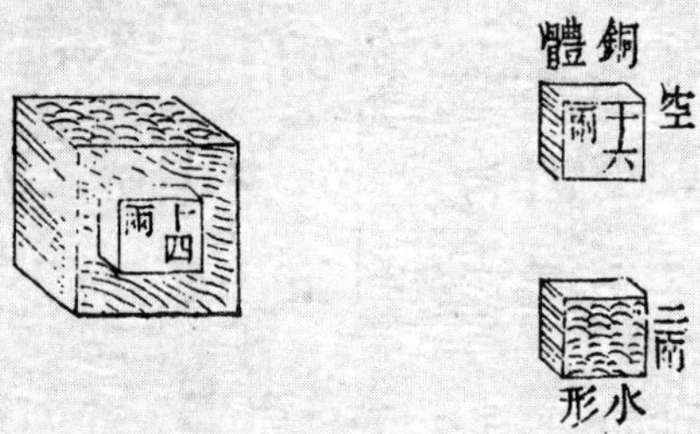

凝體在水輕於在空視所占之水多少即其所減之輕多少

假如上空中立方銅體重十六兩即以同大有水立方形較之水可二兩則在水立方銅體十六減二輕於在空之體爲十四兩重也

第四十七款

兩體同類同重但不同形在水其重恒等

假如上圓球與立方其體皆銅其重皆五兩則其沉水之重常相等也

第四十八款

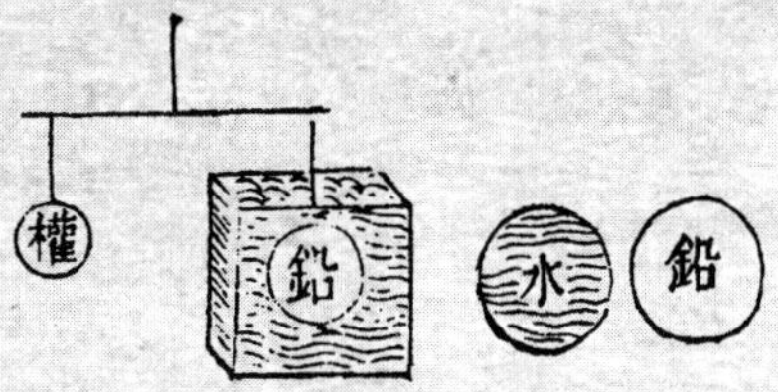

有兩體其大等但一是凝體一是流體巳有凝重求流重

假如有鉛球二十三斤水球等於鉛球該重若干

法曰將鉛球以馬尾線繫於天平一端沉之水中於天平一端加權度至平準而止則鉛球止得二十一斤以二十三斤在空之重減在水之重二十一留二斤即爲水球之重也其證見前四十六款

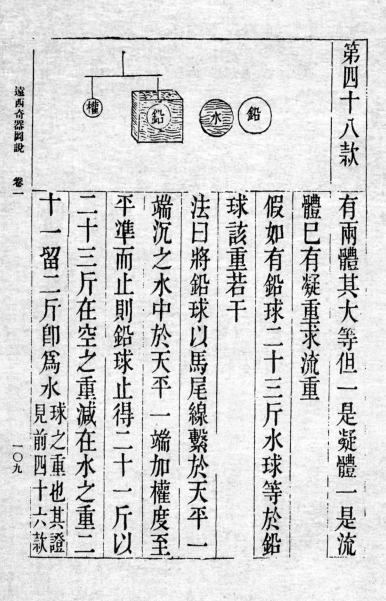

第四十九款

有凝體流體相等巳有流重求凝重

假如流體是水爲一百斤求鉛體相等之重

法曰將鉛體其重二十三斤用水與鉛體同等其重得二斤就用比例法二與二十三比例卽爲一百與一千一百五十斤比例則得鉛體之重一千一百五十斤

第五十款

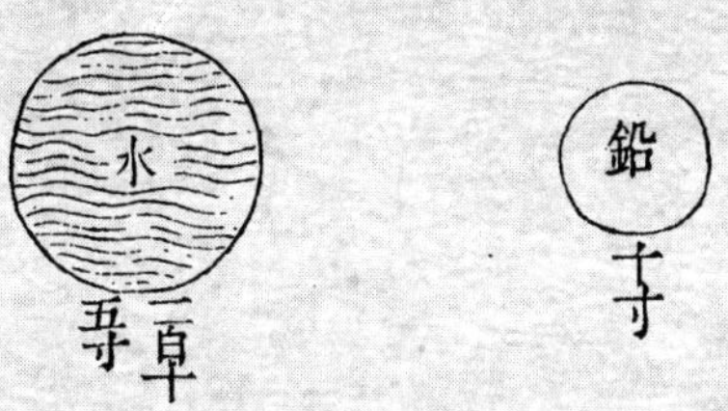

有凝流兩體之重相等已有凝容求流容

假如有鉛球大十寸水球重與鉛球等求其大若干

法曰將鉛體二十三斤與水體大等得水重二斤就用比例法二與二十三就是十與一百十五比例得流容一百十五寸也

第五十一款

有凝流兩體之重相等已有流容求凝容

假如水容爲一百十五寸鉛重與水容同大求鉛容若干

法曰將鉛體二十三斤得水二斤就用比例法二十三與二爲一百十五寸與十寸比例得鉛容十寸也

第五十二款

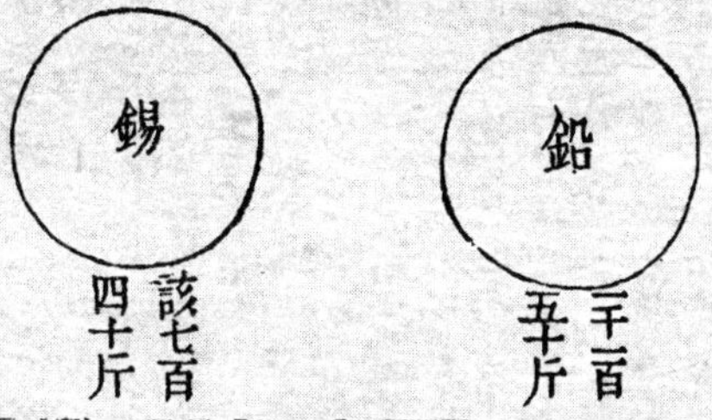

有兩凝體相等已有彼重求此重

假如鉛球其重一千一百五十斤求錫球同等之重若干

法曰將鉛錫兩體同重者相較又將兩水體一箇等於鉛一箇等於錫一球水重七十四斤一球水重一百十五斤用比例法一百十五與七十四為一千一百五十與七百四十斤比例就得錫體之重七百四十斤也

第五十三款

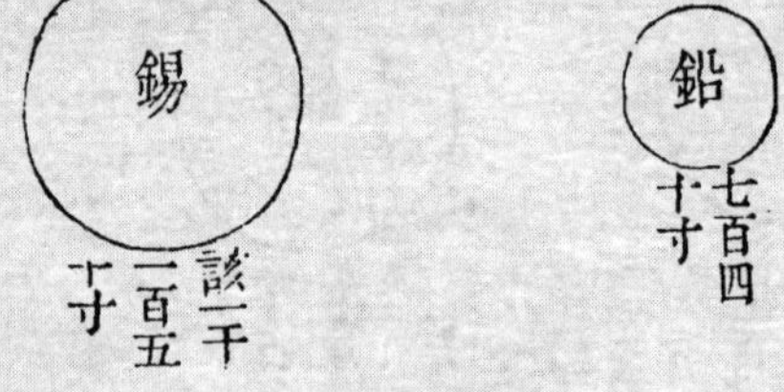

兩凝體重相等已有彼容求此容

假如鉛體容爲七百四十寸錫體等重求容若干

法曰將鉛體重一百十五斤以錫體相等重得七十四斤用比例法七十四與一百十五比例爲七百四十與一千一百五十比例則得錫容一千一百五十寸也

第五十四款

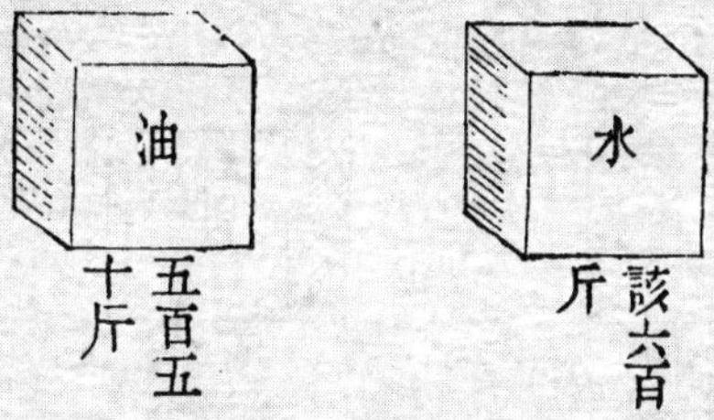

兩流體相等已有彼重求此重

假如油體重五百五十斤水體與油體相等求重若干

法曰取鉛體與水體等大者得水之重或是十二斤亦取鉛體與油體等大者得其重爲十一斤就用比例法十一與十二則爲五百五十與六百則得水重爲六百斤也

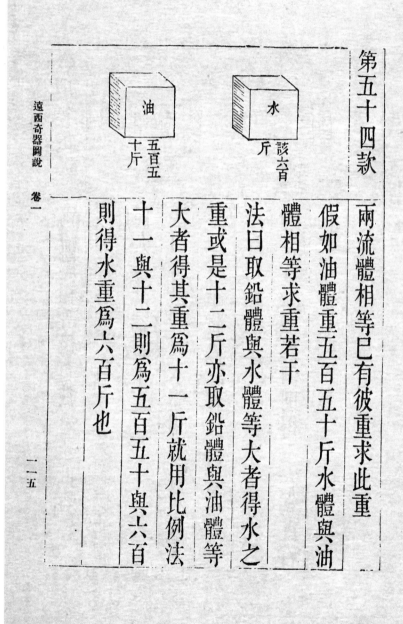

第五十五款

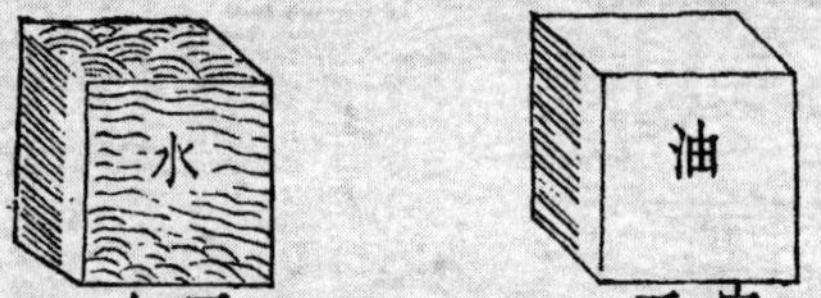

容六百寸

五百五十寸

兩流體相等已有彼容求此容

假如油容爲六百寸水之體與油體同大求其容若干

法曰將鉛體與水體相等得水重十二斤將鉛體與油容等得其重爲十一斤用比例法十二與十一爲六百與五百五十比例則得水容爲五百五十寸也

第五十六款

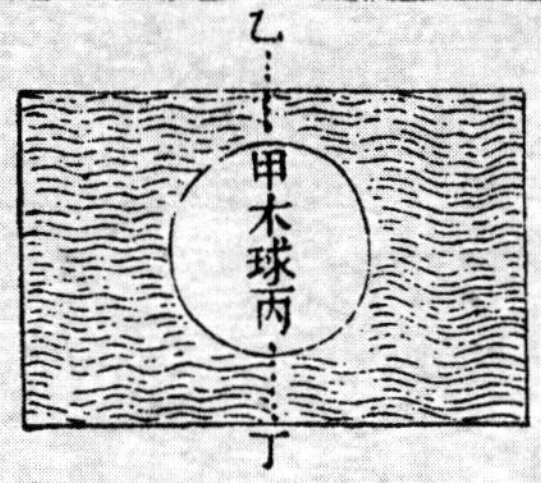

球分本輕浮於水其底在上球之軸必在垂線中

假如有木球如上其平底在水中必在上必不偏倚其軸甲丙必在垂線之中如甲丙之在乙丁也儻强斜之彼必自反正矣

第五十七款

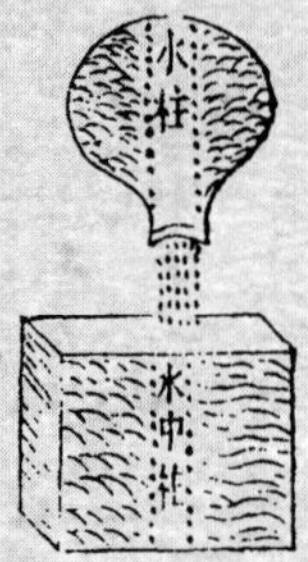

水力壓物其重止是水柱餘在旁多水皆非壓重

求水壓物重處止於所壓物底之平面求周圍垂線於水上面如水中之柱柱乃壓物之重如上水中柱圖下而口底甚小從底口垂線直至上面中間水柱爲壓重餘水皆無干也

第五十八款

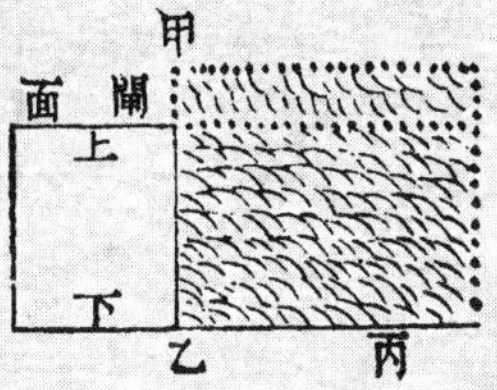

水來平衡於閘求其衡勢之重若何如上求水柱法止以所衡閘面高低作甲乙垂線垂線平行至丙相等即從垂線上面之甲斜行至丙則是水衡半柱之重其餘多水俱無干也

第五十九款

有兩體容之比例本重之比例已有此重求彼重

假如甲乙兩容其比例甲三倍於乙本重甲爲銀乙爲金其比例爲一與二已得甲重六斤求乙重若干

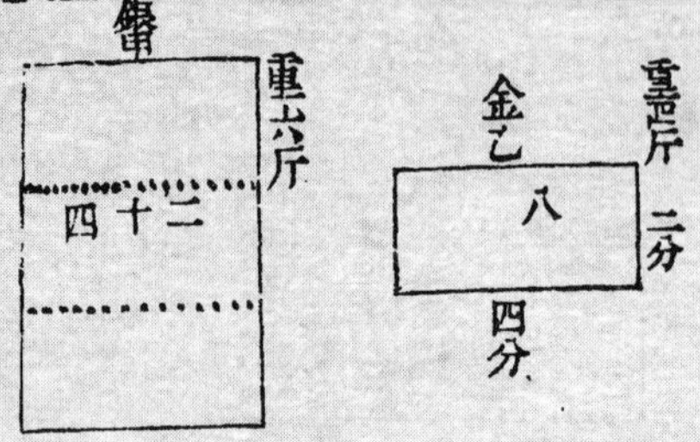

法曰以銀三分之一等與乙銀三分全爲六斤三分之一爲二斤用比例法一與二比例就是二斤與四斤比例則得乙爲四斤重也

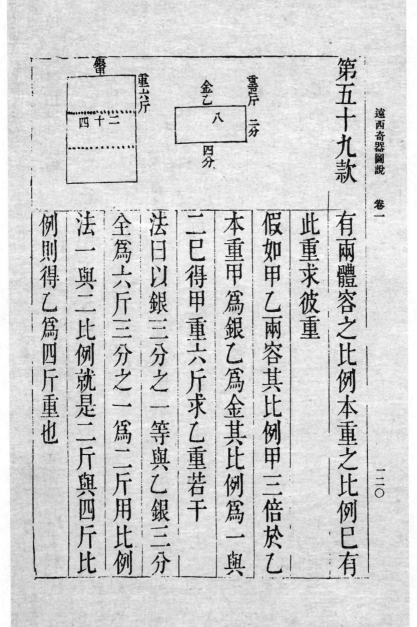

第六十款

有兩體已有本重之比例已有其重已有此容求彼容

假如甲重六斤大二十四尺乙重四斤其本重比例爲一與二今欲求乙之大爲若干

一	三	爲比率之大數
二	一	爲比率之小數
三	廿四	爲甲之所容之數
四	八	爲乙之所求之容

法曰先要甲乙所容之比率而後方可得乙之所容其六斤與四斤比率乘於甲乙本重之比率此比率乃是一與二也則用又字架法乘之卻不

用正乘法也六與二乘得十二其四與一乘得四所以新來之比率十二與四即是約而爲三倍之比率也所以甲三倍於乙今用三率法

第六十一款

有兩體已有其重已有其大之比率求本重之比率

假如甲乙兩重爲六與四其大比率爲三倍要求銀與金之比率

法曰以兩所有之數用乂字架相乘則兩者之比率爲本重之比率六一相乘得六其四三相乘爲十二所以有六與十二之比率約之則爲二分之一也故銀體之輕與金體相比則

自然差一半矣

遠西奇器圖說錄最卷第二

款凡九十二

第一款

凡匠人器皿原多若人欲解此器皿之運重其釘與繩等物俱可用也但其本用則可助運重之便非可助器用者也故不解說釘繩等物之理

輪

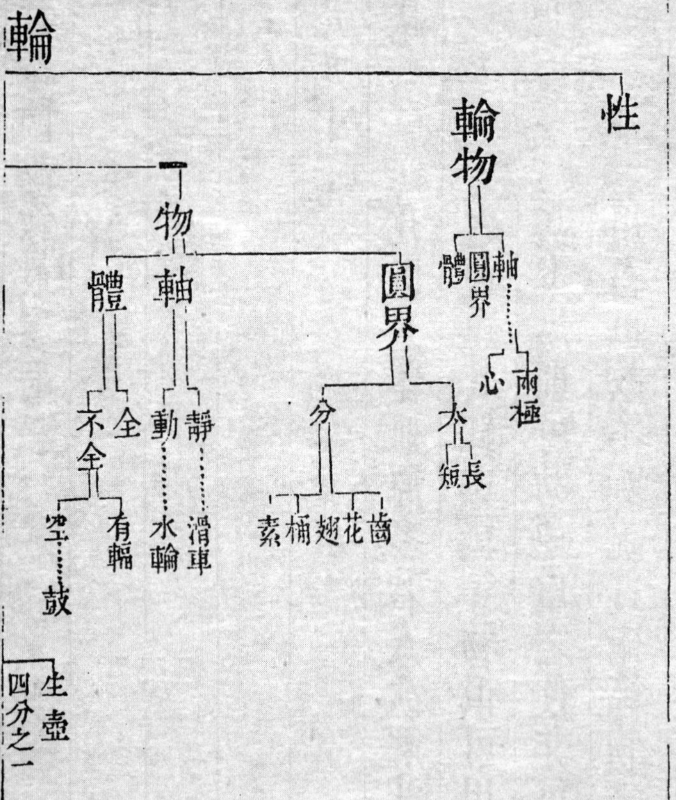

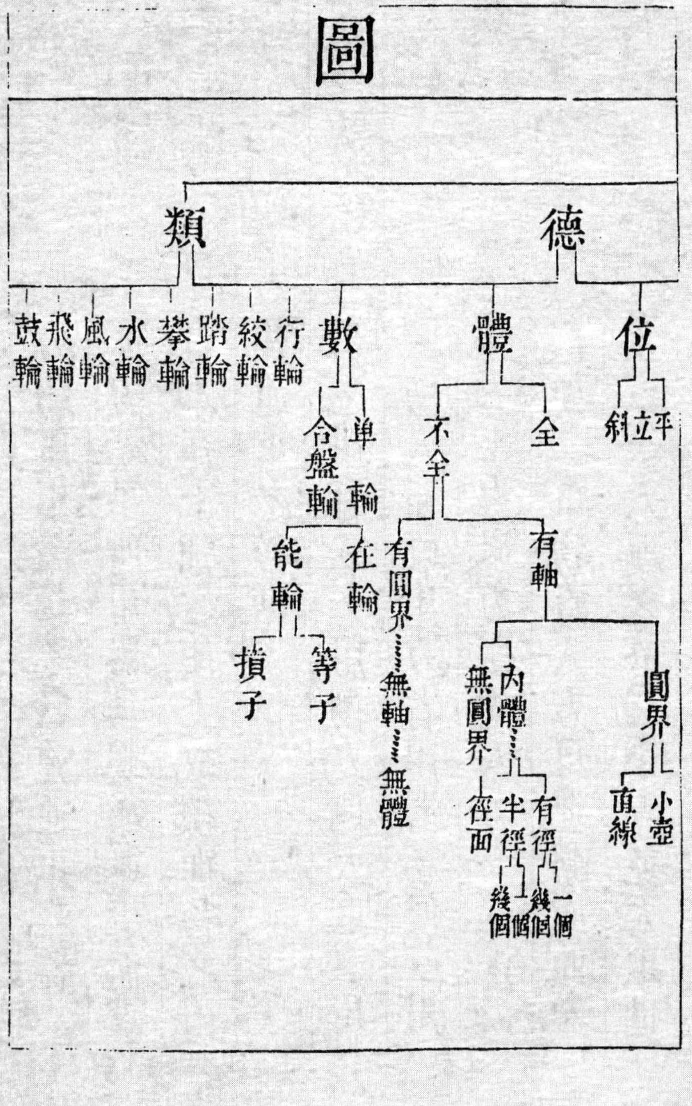
圖
德
類
位
體
數
平
立
斜
全
不全
單輪
合盤輪
行輪
絞輪
踏輪
攀輪
水輪
風輪
飛輪
鼓輪
有軸
有圓界
無軸
無體
在輪
能輪
等子
損子
圓界
內體
無圓界
小壺
直線
有徑
半徑
徑面
一個
幾個
幾個

力藝所用諸具總名強運重之器
此力藝學所用器具總爲運重而設
重本在下強之使上故總而名之曰
強運重之器也

第二款

器之用有三一用小力運大重二凡
一切人所難用力者用器爲便三用
物力水力風力以代人力
假如一重物百人方可運動而此器
止以一人運之故爲小力運大重也

又若海船之內底有小隙日日滲水人如不取舟必沉矣故必用氣管探下取之則水從此管中取出而取桶杓所不能取者是器爲用實便也其用物力水力風力以待人力諸器中有明載者不贅

第三款

器之質不一種大都用木用銅用鐵居多

木必用堅者如榆槐桑檀馬栗等木

總之要有筋絲有橫力不受變者爲佳塗木時宜用核桃油或芝蔴油菜油棉花油更妙不可用脂油也脂油性熱易燒木且易磨有聲耳鐵要煉到銅則紅者爲佳黃者性脆故耳

第四款

器之模不一式一直線一輥圓一藤線

器有形象直線者杆槓柱梁之類是也輥圓者滑車輥木轆轤車輪之類

是也藤線則螺絲龍尾等類

第五款

器之能力最大最多然自不能用或止受人之力以得所求或必待人用之而後能力可顯

假如等子類受人金銀等物乃可以權輕重又如斧能劈木斧自不能劈也人用斧而後劈木之能力顯矣每器之公者皆然

第六款

運重之器與所運之重各各相稱有

比例

假如金銀少者可用等子權度多至千兩萬兩則等子不足用矣故必天平之大者方可權度之耳諸如此類比例各各有等難以盡述能者明者當自解之

第七款

器之能力最大者其用時必多

假如有石重萬斤百人運之止可一刻以一人用器運之則爲時必待數

刻而後可

第八款

器之總類有六一天平二等子三槓杆四滑車五圓輪六藤線

天平等子槓杆皆直線之類滑車輪皆輥圓之類藤線有類蛇盤皆螺絲龍尾之類上五者皆為權度之器之象如以一端用手用力譬如等子小權下加手之圖則五者又皆運動之器之象也藤線亦可權度但用以轉

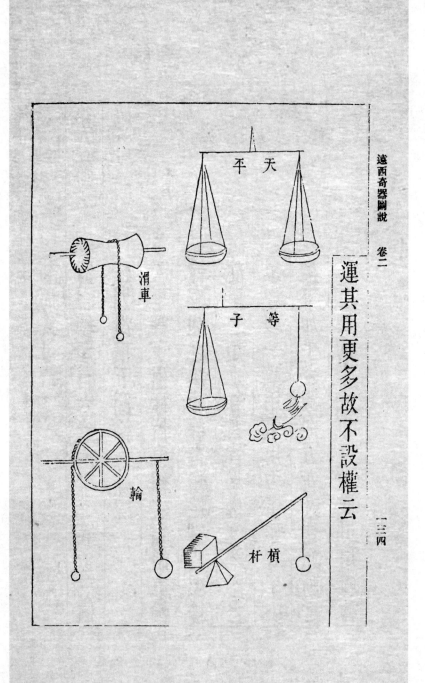

運其用更多故不設權云

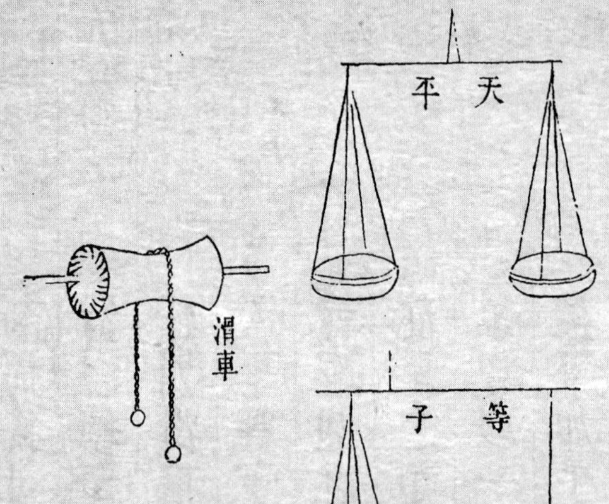

天平解

第九款

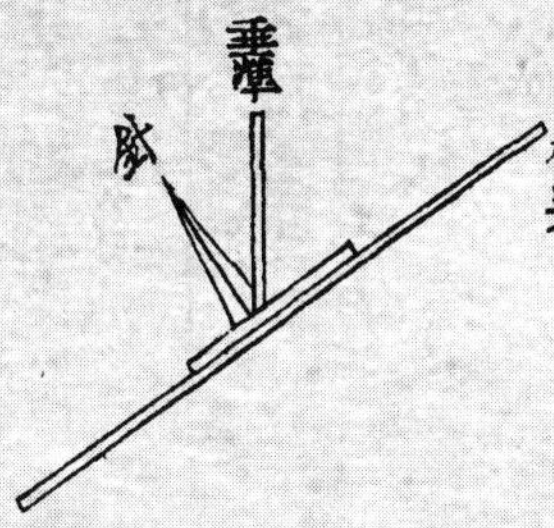

天平之物有三橫梁一指針一垂準

一

橫梁分左右兩分其中曰心心連于梁而不動者也其左右兩盡頭處曰端指針者兩端平則指針垂線如一垂準者重垂之線也平則準但兩端

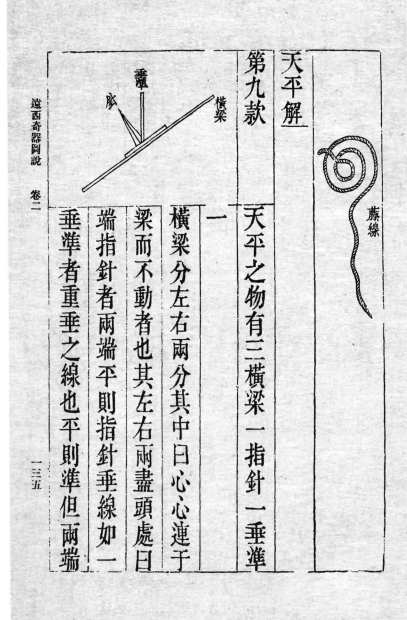

略輕略重則指針必偏左偏右不準

矣

第十款

天平用法有三其重或卽在兩端盡處或繫于兩端或盛于盤中如後三圖

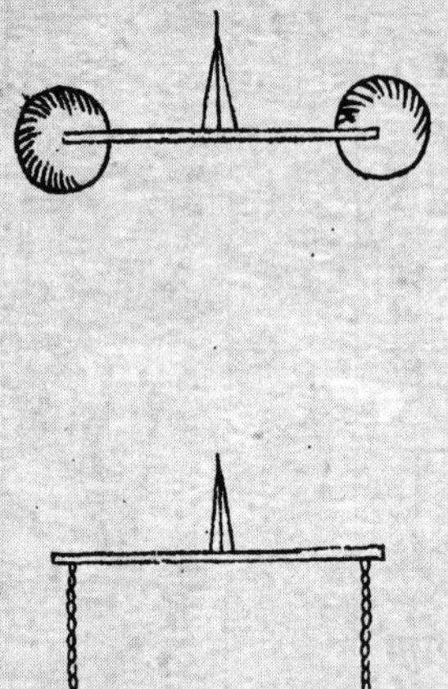

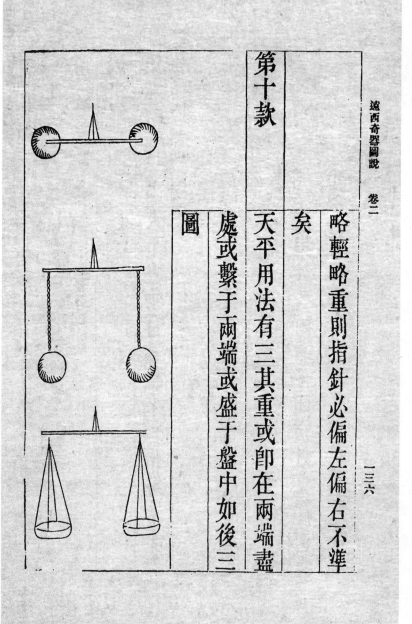

第十一款

天平針心有三在或在梁之上邊或在梁之下邊或在梁之居中如後三圖

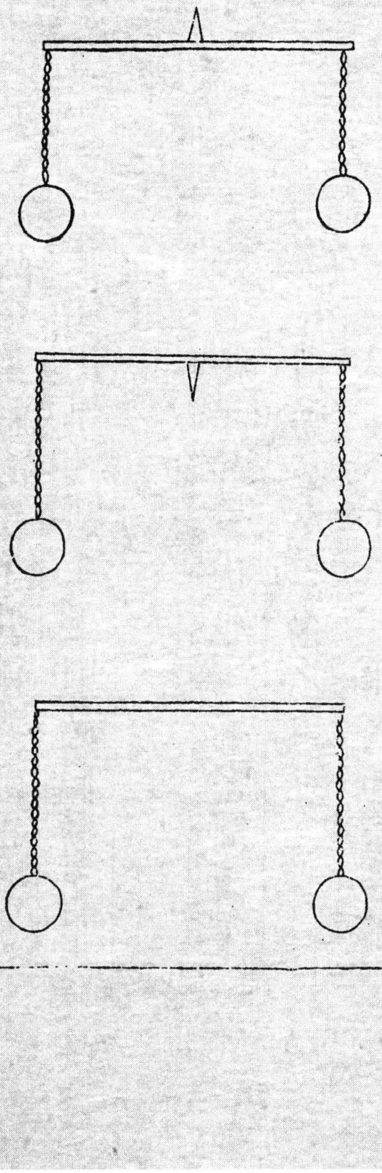

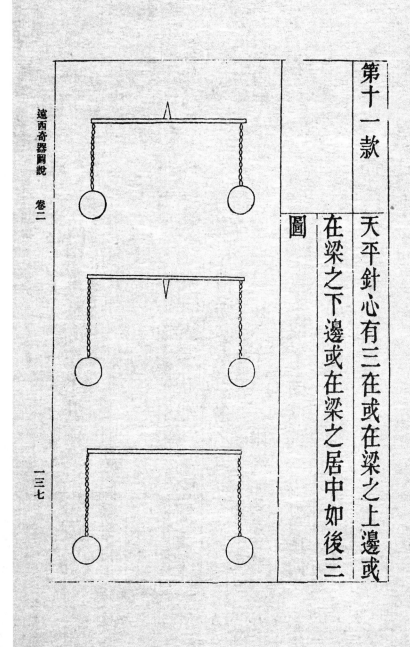

第十二款

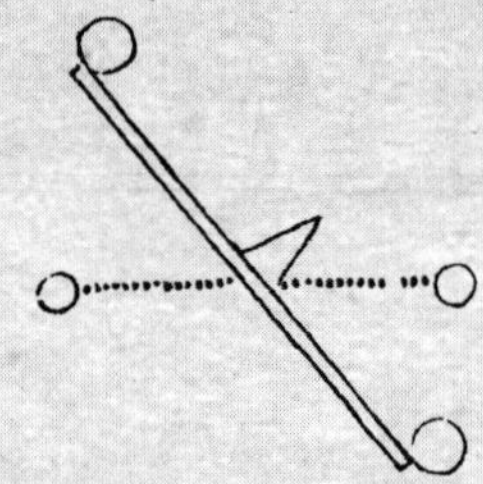

天平梁其心在上其兩端加重各等一端用手扶起手離則必自動至平而後止

如上斜起者是扶起一端之圖兩平者是自動必至于平之象也

第十三款

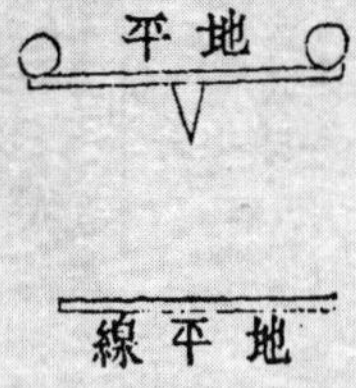

天平梁其心在下其兩端加重各等梁準地平則不動倘或一端斜起則斜下者必翻轉一過而後止

如上第一圖有地平字者既與地平

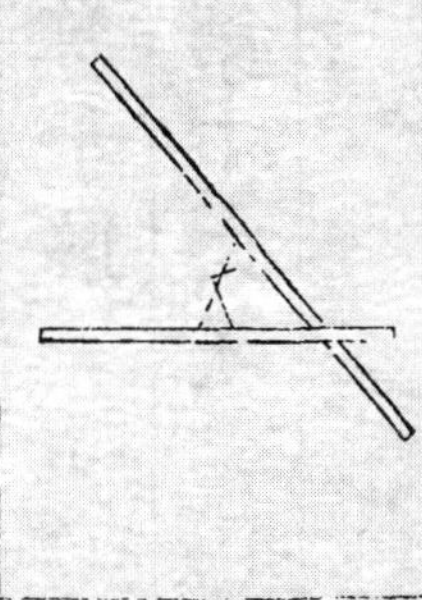

第十四款

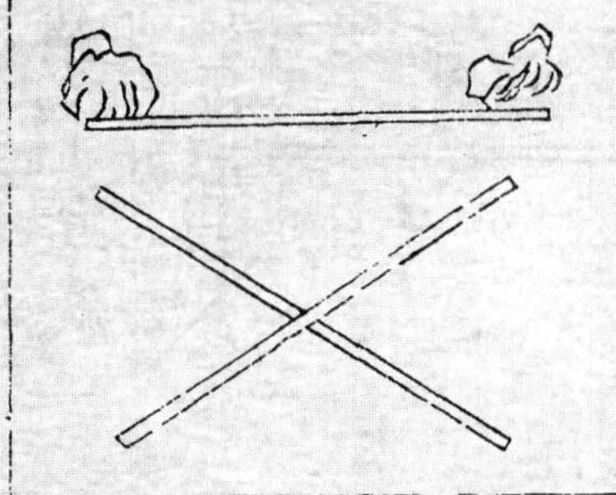

準則常平不動倘如第二圖斜起者則必翻轉一過針心必反而在上矣所以必反之者重之心在下故也

天平梁其心在中其兩端加重各等與地平準者固不動即或左斜右斜亦不動

兩平不動人知之矣斜之而亦不動者何也因兩重相等故不動倘使一端略加些須則動矣

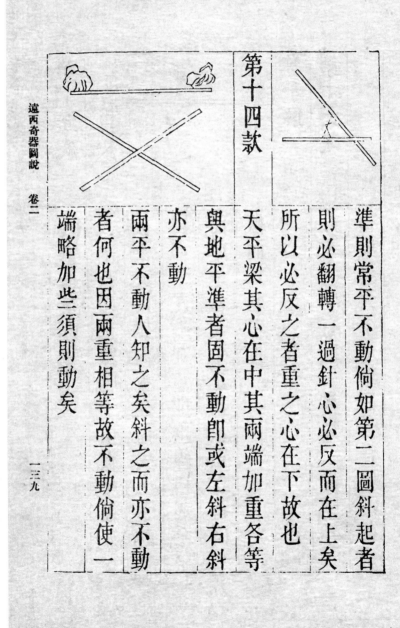

第十五款

天平正立重

天平右端垂線聯于重板中徑如乙板下支角如丙板在丙尖上不動板因天平左端加重則垂線自起至平而準是名天平正立重正立者因垂線而爲名者也

等子解

第十六款

等子之物有二一橫梁一提繫

橫梁與天平之梁同但提繫不在中

微不同耳提繫者垂準之換體也

第十七款

有兩重不同左右繫于等之橫梁橫梁與地平準則兩重名爲準等

假如甲一斤繫于右乙四斤繫于左橫梁兩平兩重名爲準等葢別于相等之等也

第十八款

有兩重相等相似一繫橫梁一端之下一橫附于橫梁附橫梁者其重心必在橫梁一端盡處則橫梁平

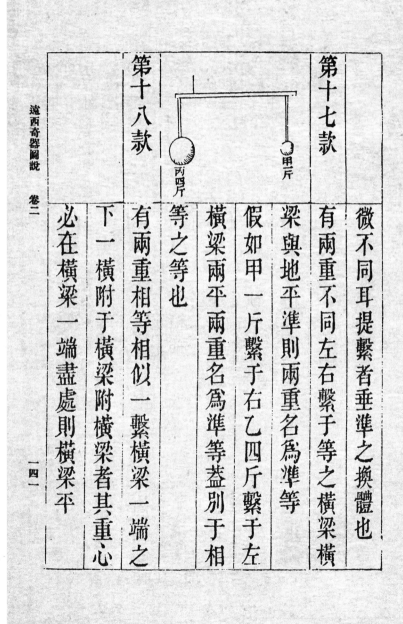

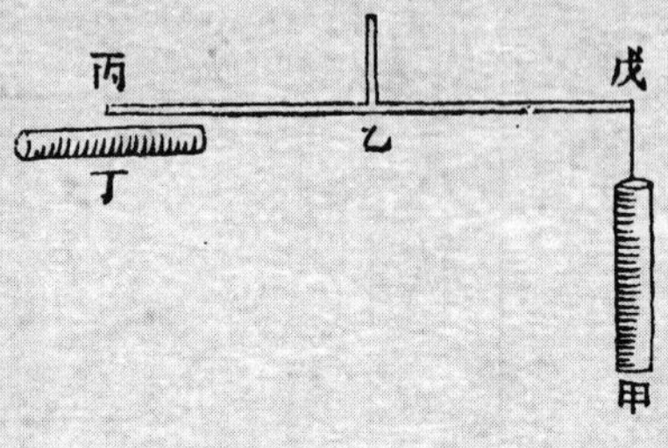

第十九款

假如甲重繫于横梁一端之下其重與丁重相等其形與丁形相似而丁重則平附横梁其重心在丙丙乙端與乙戊端相等則等梁自兩平也所以然者甲重心直在戊下丁重心横在丙下故必相準

此款乃重學之根本也諸法皆取用于此

有兩係重是準等者其大重與小重

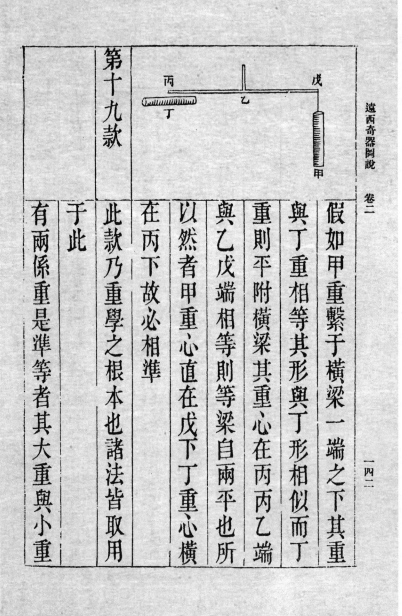

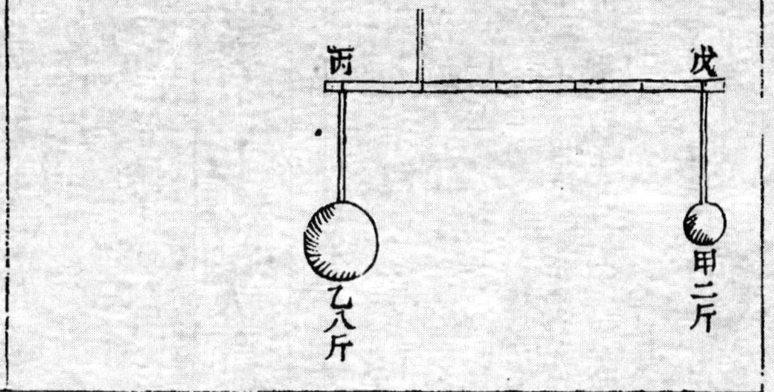

之比例就爲等梁長節與短節之比例又爲互相比例

假如乙大重八斤與甲小重二斤爲準等其比例爲四倍則橫梁長節從提繫到戊爲四分短節從提繫到丙但有一分其比例亦是四倍所以兩比例等其兩比例又是互相比例法

第二十款

重在提繫長節一端愈遠愈重其垂

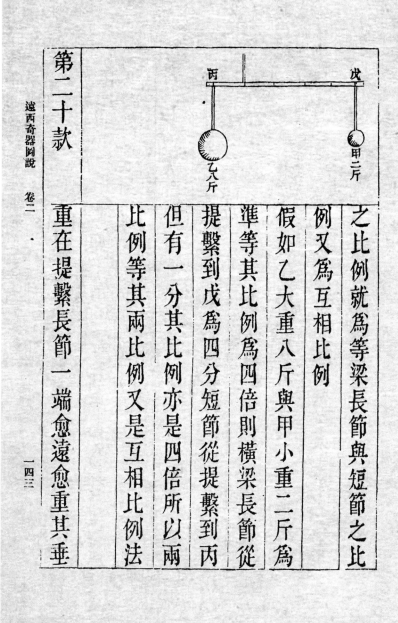

下愈速

假如上甲二斤其重乙八斤其梁愈長二斤則丁爲十四斤矣

有兩重相等係于等子爲準等于權其重比例視遠比例

第二十一款

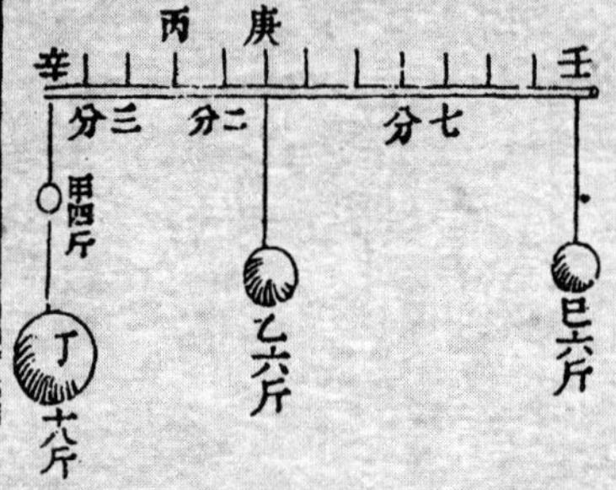

假如等梁爲辛壬其長爲十二分其紐丙在第三分之上其一重係庚下者爲乙重十六斤準等于甲重之在辛下者一重爲巳重十六斤在辛下者準

等于丁甲丁之重比例視等梁丙壬與丙庚之比例假如用數丙壬九分丙庚二分其名四倍半比例丁十八斤與甲四斤亦是四倍半比例

第二十二款

有兩重不等係于等子爲準等于權其重比例視遠比例

假如等梁爲十六分丙小重爲三斤係丁下遠于紐心十二分甲大重十八斤係乙下距紐心二分丙小重準

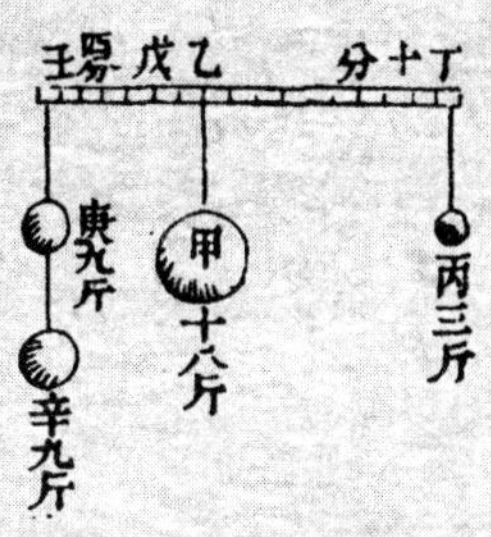

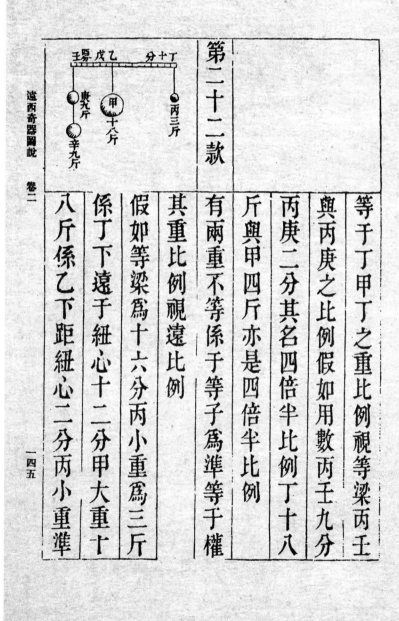

等于庚九斤甲大重準等于辛九斤甲重十八斤與丙重三斤爲六倍比例丁戊十二分與乙戊二分亦爲六倍比例

第二十三款

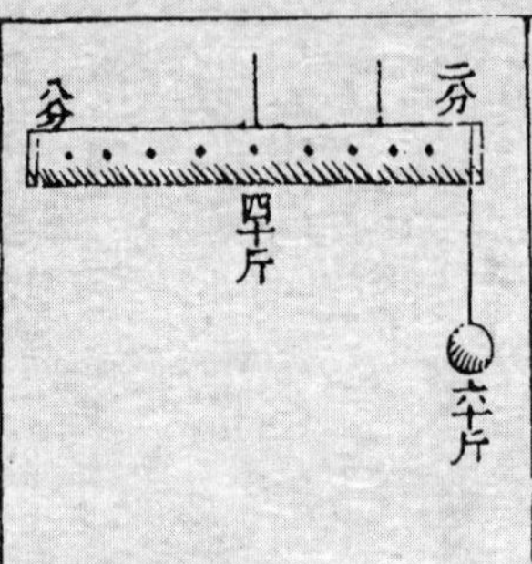

有等梁是重體另有重係一端下其係紐不定可近可遠到梁準等于重其比例爲後一二三四之兩比例

一重爲六十斤　　六十

二等梁全體假如重四十斤　四十

三梁左長端八分與右短端二分之
差爲六　六
四右短端二分二倍爲四分　四

第二十四款

有等梁是重體另有重係一端下若
係紐定一所在得前一二三四率之
兩比例自然梁之重與係重準等
覽上二十三款圖自明

第二十五款

等子便天平準
等子與天平相較等子人用最便爲

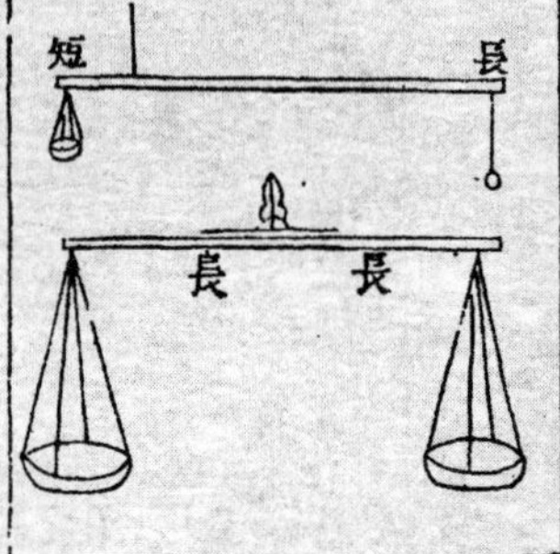

止一權且隨物重輕皆可用也然而天平則更準何也等子紐前一端最短故間有不準天平兩端皆長故更準于等子云

第二十六款

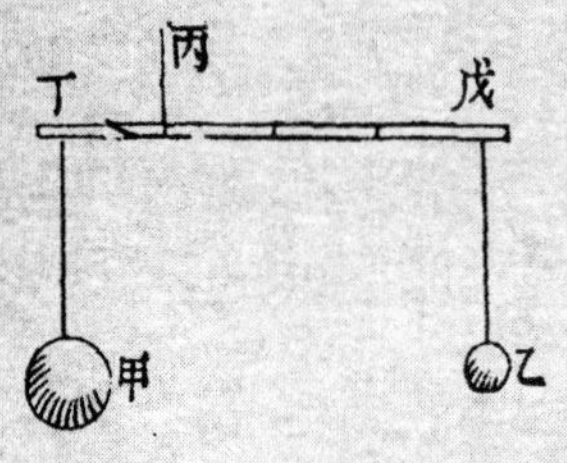

有兩重係等梁兩端求係紐之定位于準等

甲重六斤在丁一端乙重二斤在戊一端等梁全體四分要知係紐宜在何分法曰甲乙相加爲八就用比例

第二十七款

一　八　爲兩重總數
二　二　爲乙重之數
三　四　爲梁體全數
四　一　爲丁丙端數　紐宜丙分之上

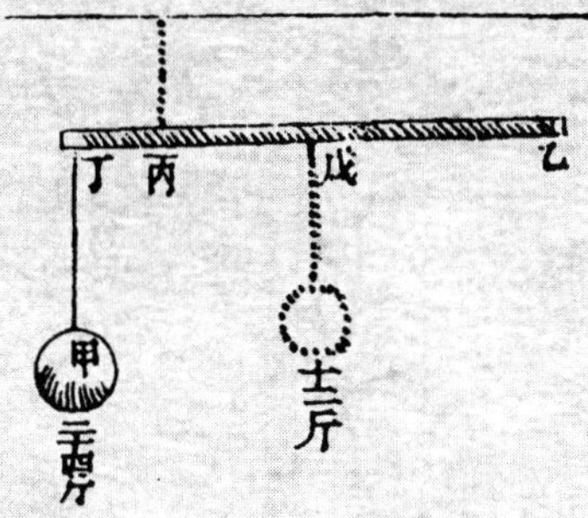

有等子重體有其重亦有其分亦有一重係一端下求係紐之定位于準

等

等子之重爲十二斤全梁六分係重甲二十四斤要知紐宜何分法曰平分等梁爲兩分自乙至戊是等子重心則想戊爲十二斤加于甲二十四

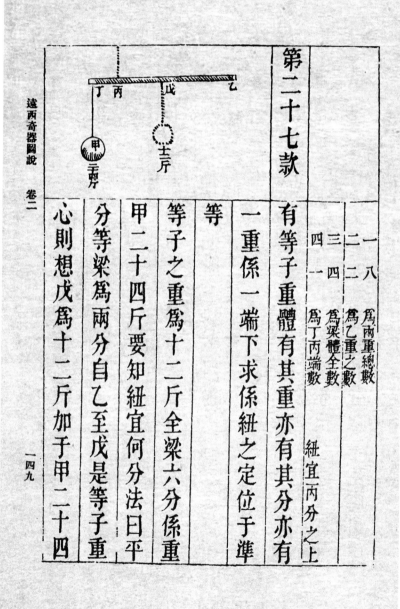

斤爲三十六斤就用比例

一　三十六斤　爲兩重總數
二　十二斤　爲等梁重數
三　三分　爲丙戊之分數
四　一分　爲丙丁之分數

紐宜丙分之上

第二十八款

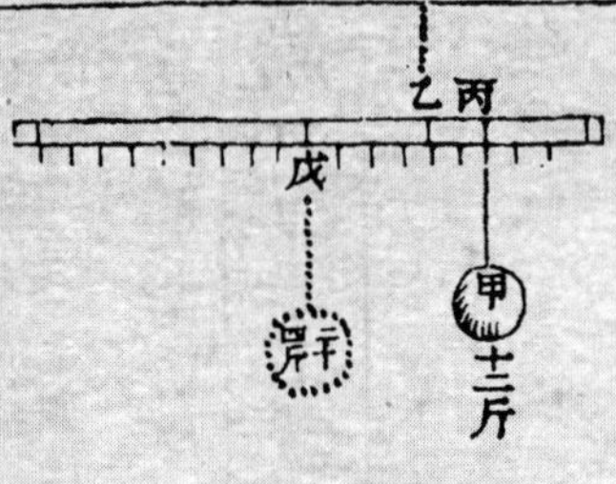

有等子重體有其重有其分亦有一重但係一端少內求係紐之定位于準等

等梁重爲二十四斤全分十八係重之甲爲十二斤係于丙分之下要知紐宜何分法曰得重心徑在戊想戊

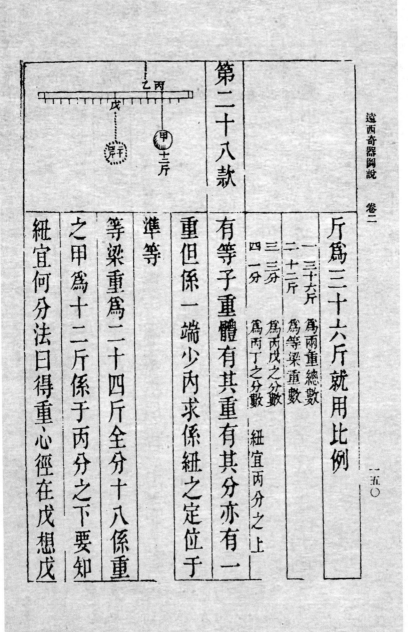

下所繫二十四等重戊至丙爲六分在兩重之中兩重相加爲三十六就用比例

一 三十六斤 總數
二 十二斤 係重
三 六分 兩重中梁
四 一分 從丙到乙 紐宜乙分之上

第二十九款

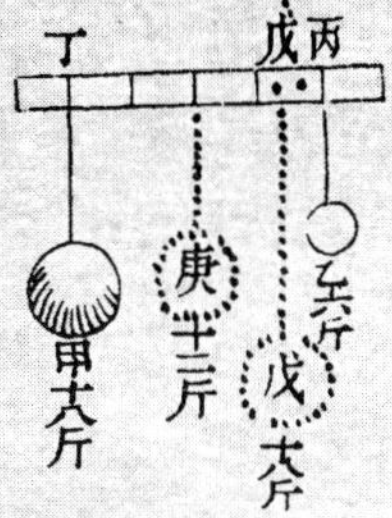

有等子重有其分但兩係重在內不在兩端求係紐之定位于準等等子重十二斤其全分十八甲大重爲十八斤乙小重爲六斤要知紐宜

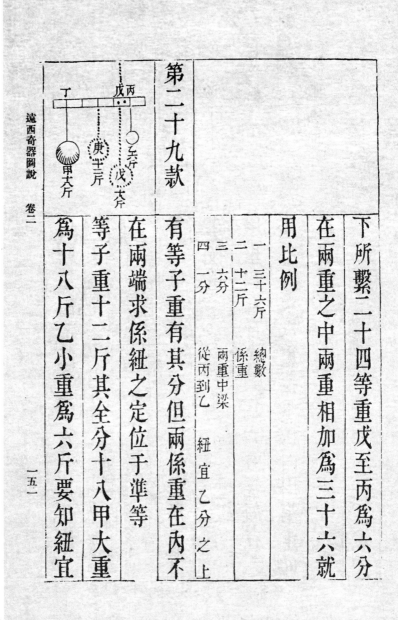

何分法曰依法二十八款用比率

一　十八　爲梁之全分
二　六　爲乙重數
三　六　爲丙至庚之分數
四　二　爲從丙至戊之分數

再用比率

一　三十六　爲兩重總數
二　十八　爲戊下之重數
三　十個　爲丁至戊之分數
四　五個　爲丁至庚之分數

所以庚爲紐線則兩重爲等體之重俱是準等

第三十款

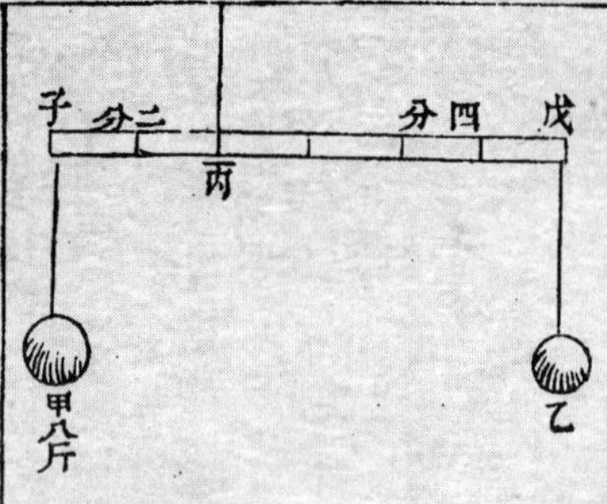

有兩重準等有定係紐位已得此重求彼重

甲重爲八斤等梁爲六分係紐在二分之丙求乙重若干法曰用第十九款比例

一　四分　梁歟長端
二　二分　短端

三 八斤 甲重
四 四斤 乙重當爲四斤

第三十一款

有繫重有等梁重以準等求係紐之位

假如等梁之重爲四十斤其分有十係重爲六十斤求係紐之位在何分

法曰梁重心在丁從丁到乙爲五分

用比例法

一 一百斤 爲梁重係重總數

二 六十斤 爲係重之數

三 五分 爲丁乙之分

四 三分 爲從丁到戊係紐之位分

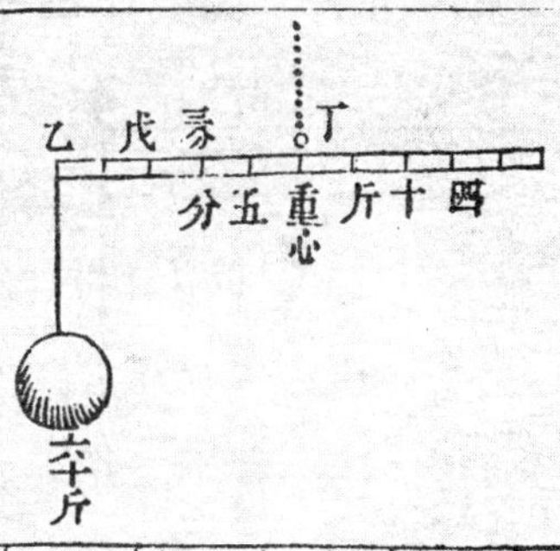

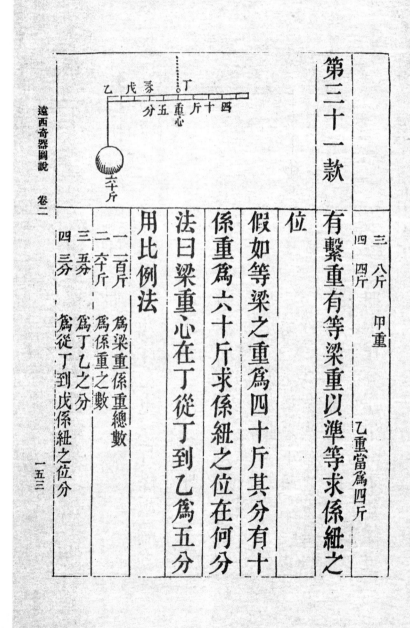

第三十二款

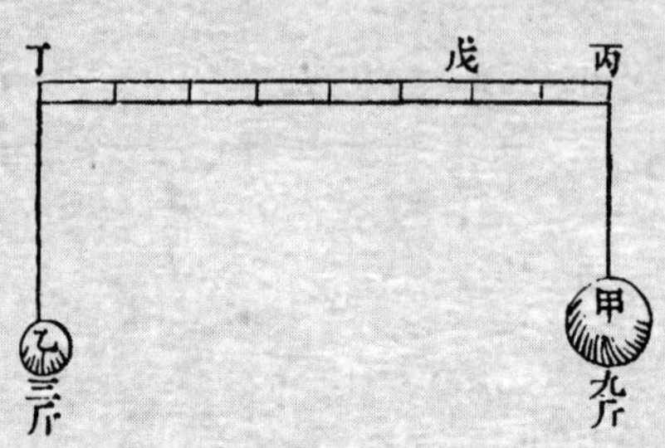

有兩重準等巳有此端梁之長求彼端梁之長

假如甲重九斤乙重三斤係兩端之下巳得丙至戊二分之長求戊至丁長之分數法曰依第十九款比例

一　三斤　爲小重

二　九斤　爲大重

三　二分　爲梁之小端

四　六分　爲梁大端之分數

第三十三款

有等梁重不用權權物之重

梁重有四十斤分作十分不知係重

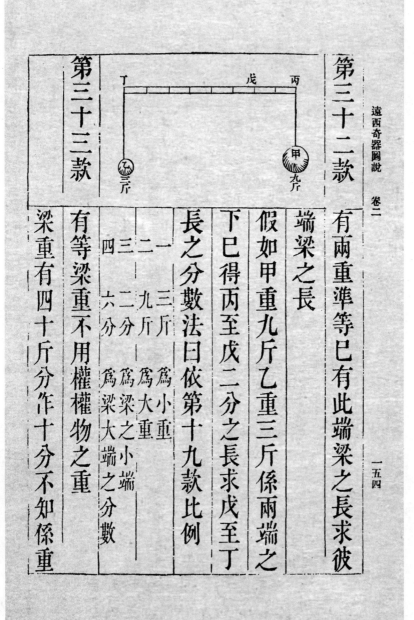

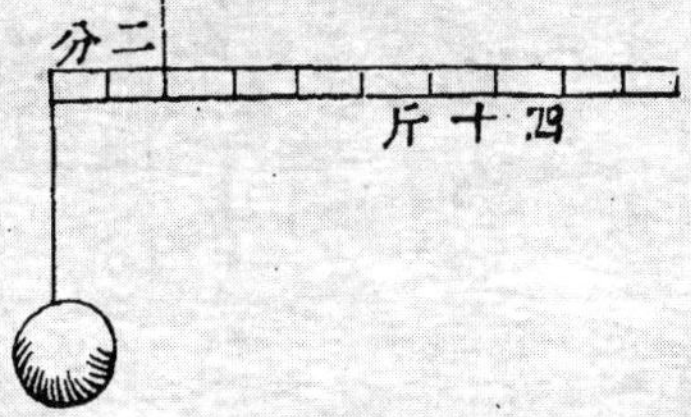

多少但那移係紐至準等得其定位
假如從重到係位是二分則大端爲
八相減爲六就是差數用三率法

一　四分　爲小端二倍
二　六分　爲大小端差數
三　四十斤　爲梁之重
四　六十斤　爲係重之重

槓杆解

第三十四款

槓杆有三名一曰頭一曰柄一曰定
所外有依賴所曰支磯

第三十五款

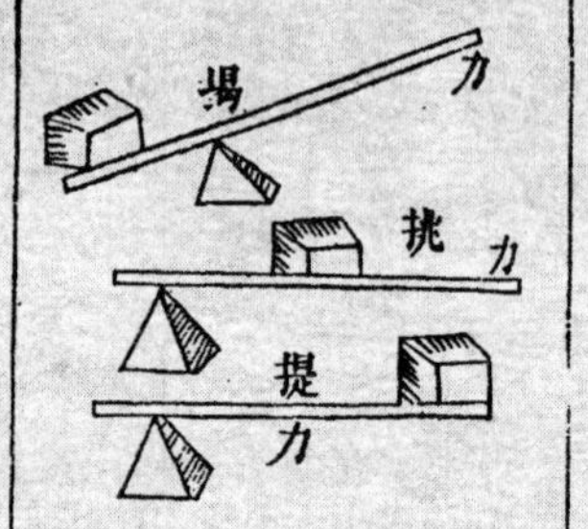

槓杆之類有三總以薦起其物者也
一支磯在中力在柄重在頭其名曰
揭二支磯在頭重在中力亦在柄其
名曰挑三支磯在頭力在中重在柄
其名曰提

第三十六款

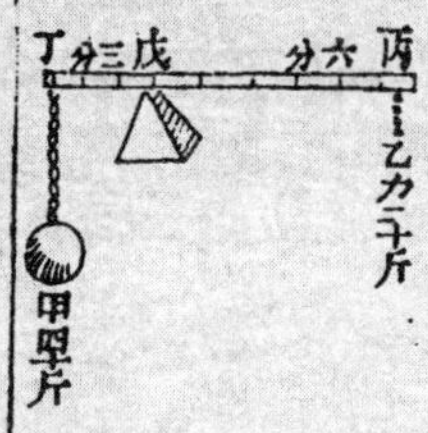

揭槓平在支磯之上頭有重柄有力
重與力之比例爲兩端長短互相之
比例
假如揭槓之長爲九分支磯在戊短

端三分長端六分甲之重四十斤乙
力必定二十斤依第十九款比例甲
與乙二倍長端與短端亦二倍

第三十七款

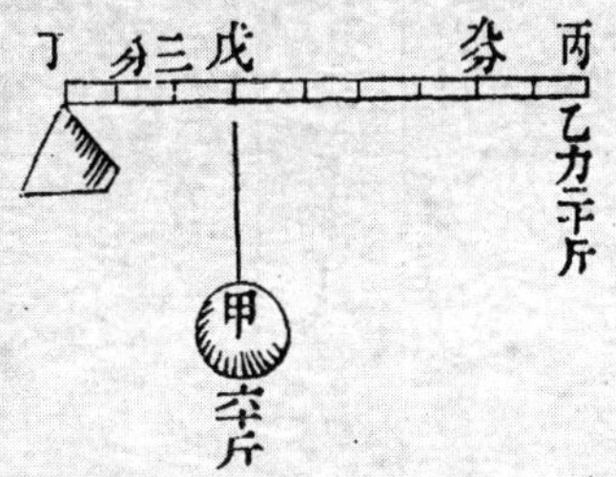

挑槓平在支磯之上頭在磯重在中
力在柄之比例
從甲重到支磯是槓之分與挑槓比
例就是力與重等假如丙至丁九分
戊至丁三分是爲三分之一所以重
六十斤力止二十斤也蓋係重愈近

于支磯用力愈可少故挑槓常常省力

第三十八款

有挑槓之分十尺其本體重四百斤上另有千斤之重得槓之重徑重之中徑求挑力

法曰丁戊與丁丙比例要等四百與一千比例假如戊丁爲二尺就用比例十尺與二尺比例爲一千四百斤兩重之于二百八十斤比例

第三十九款

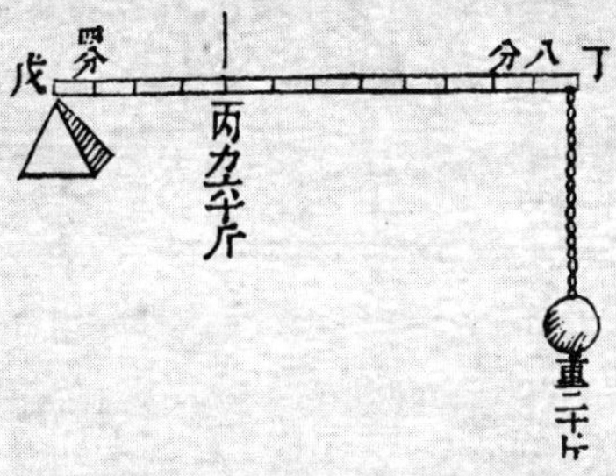

提槓頭平在支磯上柄有重力在中之比例

全槓丁戊與從支磯到力乙丙分數比例等于力重之比例假如丁戊爲十二分戊丙爲四分是三倍比例力六十斤與重二十斤亦是三倍係重力常要倍于重故少用

第四十款

力用槓子挑重其比率等與槓兩分一分從支磯到點垂線從心來到槓

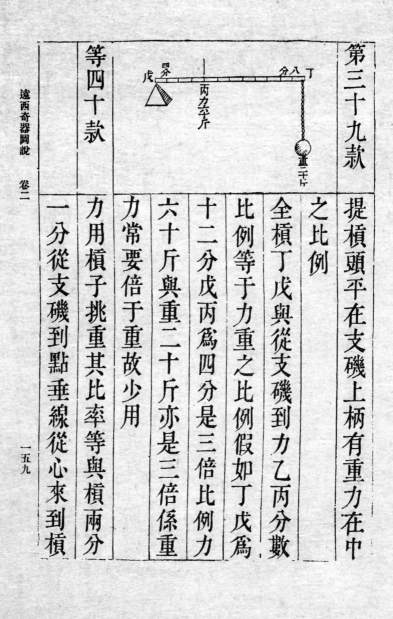

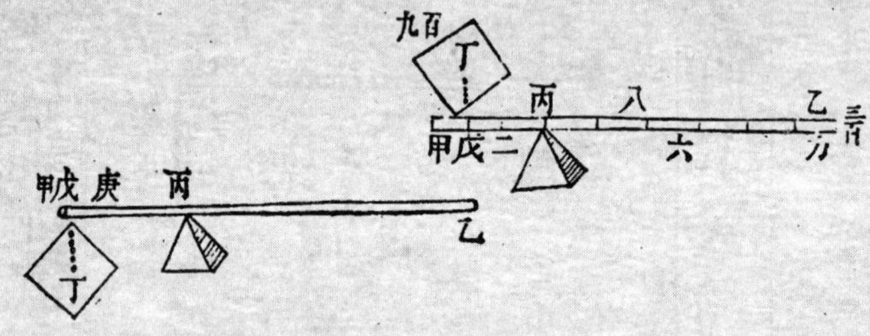

所二分從支磯到力所
假如乙甲爲槓子丙爲支磯能力在
乙爲三百斤甲丁重爲九百斤所以
比率是三分之一今從丁中心打垂
線到槓上到戊點就戊到丙長與丙
到乙長比率亦是三分之一若戊丙
爲兩分則丙乙爲六分是三分之一
明矣
第二圖甲丁重係摃下與甲庚二處

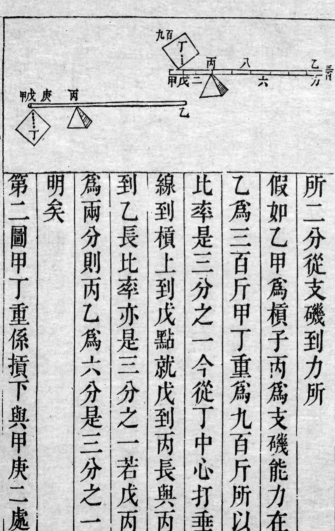

只用戊丁垂線則不用甲庚兩點其
後萬法皆然

第四十一款

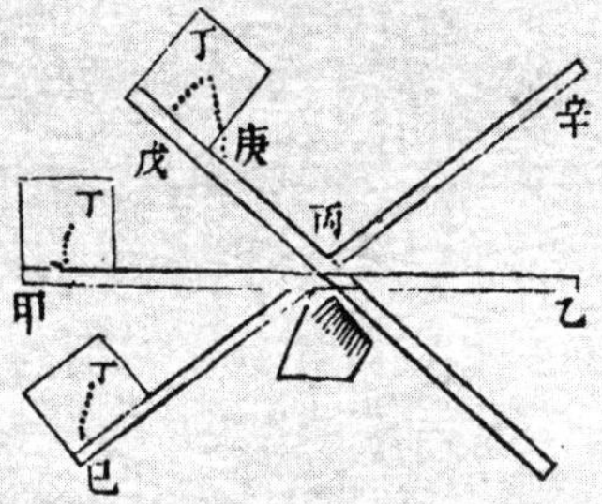

能力挑重中心在地平槓上起重愈
高則用能愈少若重愈低則用能力
愈多
假如乙甲槓子在丙上地平的其垂
線爲丁戊起重在上則用能力在乙
從垂線丁點到庚其庚到丙短于甲
到丙之長故用四十款之能力少也

若重在地平之下則從垂線爲丁到巳丙與丁丙長所用前款力在于辛故力多

第四十二款

揭槓在平重心在上重心起愈高能力愈少

如上圖重心起高垂線到甲視下平重去支磯愈近故用力愈少也

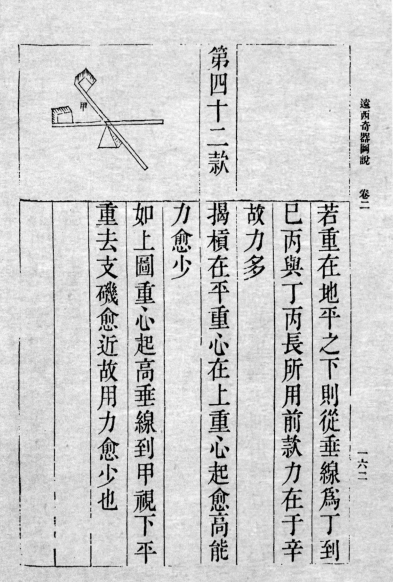

第四十三款

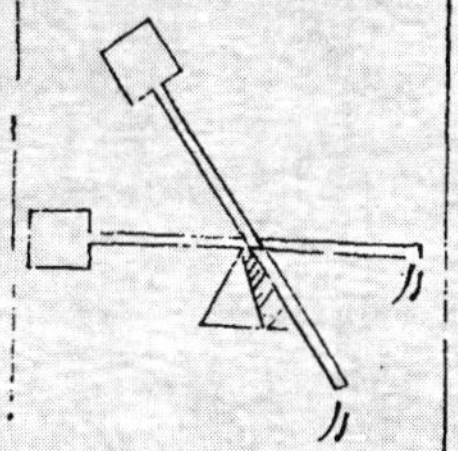

重心在揭槓頭內槓杆或平或斜其能力等

如上圖重心在平在斜去支磯皆等故其能力亦相等也

第四十四款

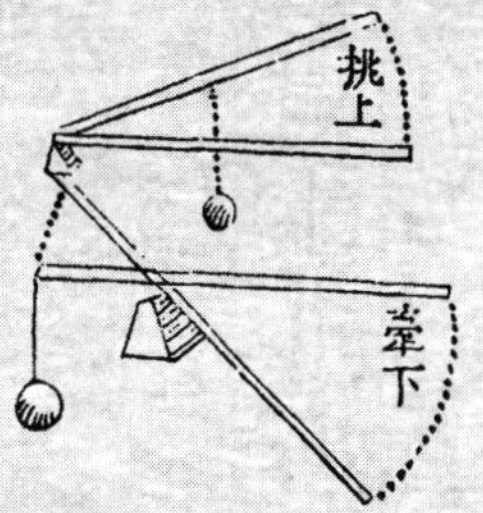

有重係槓頭上支磯在內槓柄用力從平向下相距之所與槓頭係重向上相距之所比例等于槓杆兩端之比例

假如上支磯前相距小端與支磯後

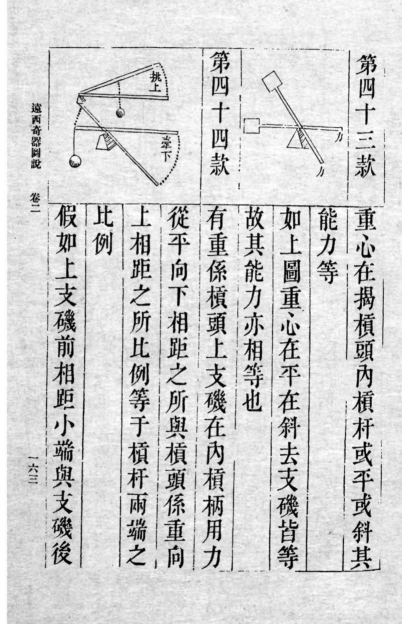

相距大端爲三分之一葢小端與大端亦爲三分之一也後挑槓亦然

第四十五款

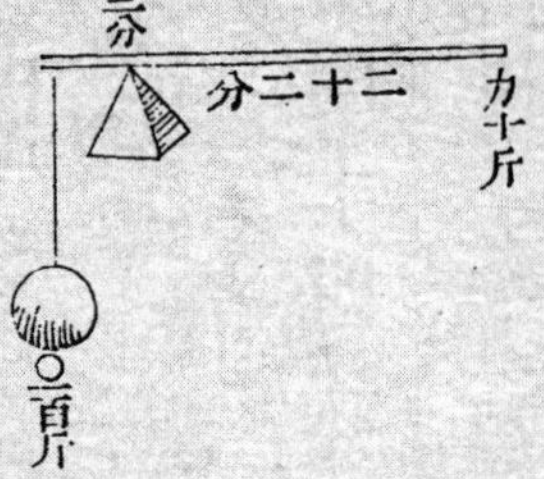

有重有槓杆有力運重求支磯所

假如甲重百斤力十斤槓杆二十二分求支磯所在用比例法

一	一百十斤	爲能力與重之數
二	二十二分	爲槓長之分數
三	十斤	爲能力之分數
四	二分	爲支磯之所

第四十六款

有幾重有支磯有槓杆之長求能力幾何

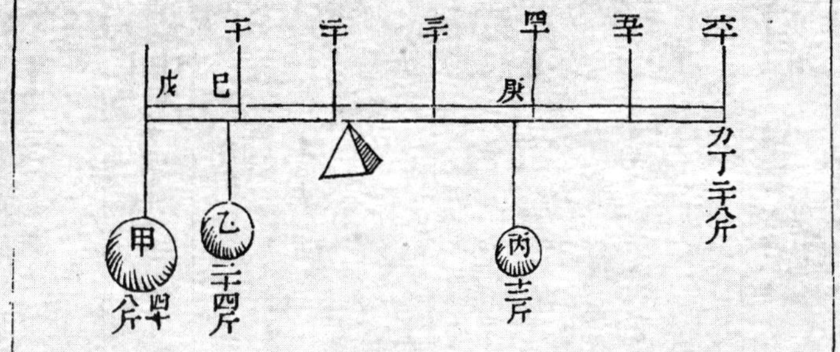

假如有三重甲四十八斤在頭乙二十四斤在九分界丙十二斤在三十八分界支磯在二十一分界槓杆共長六十分求能力宜用幾何法曰甲乙中槓爲九分求兩重支磯得小端三分爲戊自戊至庚槓有三十五分用比例又得五分爲巳第三次支磯到力丁爲三十九分從支磯到巳爲十三分比例等于三重八十四斤與

力爲二十八斤

第四十七款

有幾重有槓長之數有能力之數求支磯所

法即用上四十六款之圖先求準等如巳爲八分自巳至力爲五十二分也用比例法

一	一百十二斤	爲甲乙丙丁三重與力之數
二	二十八斤	爲能力之數
三	五十二分	爲槓長短之分
四	十三分	爲從巳重心到支磯所之分

第四十八款

有重物有重體槓杆有支磯所求能

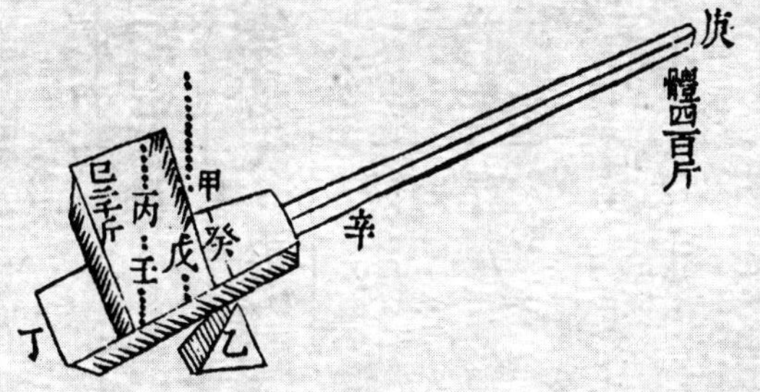

力幾何

假如巳重爲二千斤其心爲丙槓杆兩端爲丁庚其體重四百斤其重心在辛槓杆斜起在支磯乙上甲乙是其定所重徑爲丙壬壬辛爲六分癸庚爲十二分庚用能力宜幾何法曰

先求重物與槓體之重心用比例法

一　二千四百斤　爲重與槓兩重之數

二　四百斤　爲槓重之數

三　六分　爲從壬重心到辛重心之數

四　一分　爲從壬到戊之分數所以戊辛爲五分再用比例法

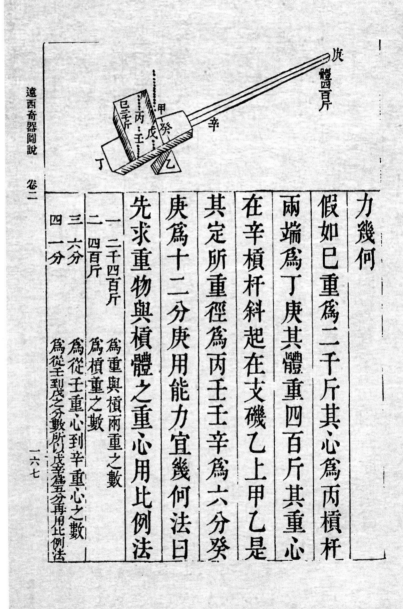

一　十二分　爲力與到支磯癸之分數

二　一分　爲戊癸之分數

三　二千四百斤　爲兩重之全數

四　二百斤　爲能力之數

滑車解

第四十九款

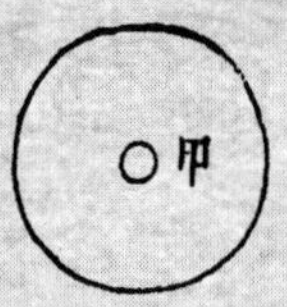

滑車體全是輪輪周之側面兩旁高中則凹無輻無齒無軸而有軸之眼空

輪小而厚亦不多兩旁高而中凹以容繩轉其中者也自身無軸止有容軸之空眼另有架安軸而此輪貫于

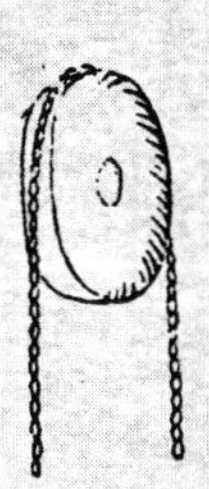

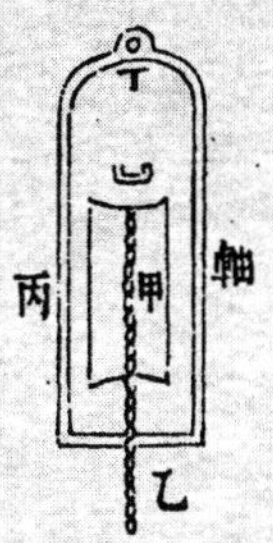

第五十款

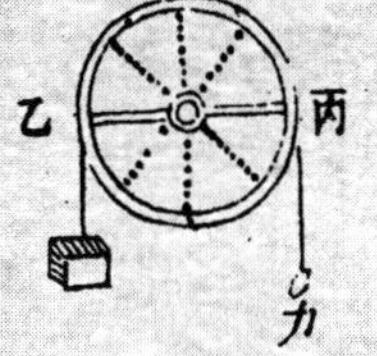

軸上其滑最利繩轉故名爲滑車南中呼爲羊頭揖轆者此也如上甲爲小輪其中有空眼乙爲轉繩從凹槽中上下者也丁乃其架丙則其所貫之軸耳

滑車亦是天平之類所以能力與重相等

天平兩重相等則平一重一輕則必偏而下矣此滑車之力所以常常與

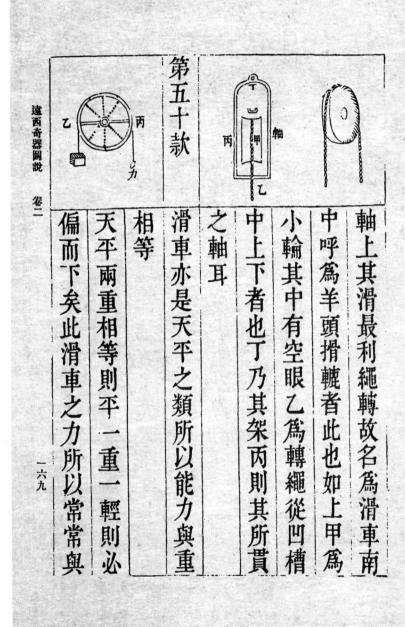

重相等或云乙丙一轉則不平矣何以云是天平曰乙丙徑線周圍悉是則轉轉都是天平無天平之名而有天平之實故謂與天平同類

第五十一款

滑車大與小能力皆同

槓杆等器皿愈大其能力亦愈大滑車不然或大或小其力皆一爲何兩徑相等故耳

第五十二款

滑車不甚省人力但最便人用

如人從井提水則臂力易疲有此滑車在上而人從下挽之雖不甚省人力乎而手挽視手提則必有分矣

第五十三款

滑車之繩一端向上一端向下其向下之力與向上之重相距常等其爲時刻亦等

第五十四款

滑車之繩兩端在上一端係重一端用力力半可起重全

假如繩定于甲從丙丁至乙用力架

之下端係重一百斤如庚從乙用力起之五十斤力可起百斤之重爲何甲丙繩子不動所以丁丙似挑槓丙似支磯因係重在中戊之下用挑槓比例丙戊與丙丁比例常爲半徑與全徑之比例故半力足起全重也

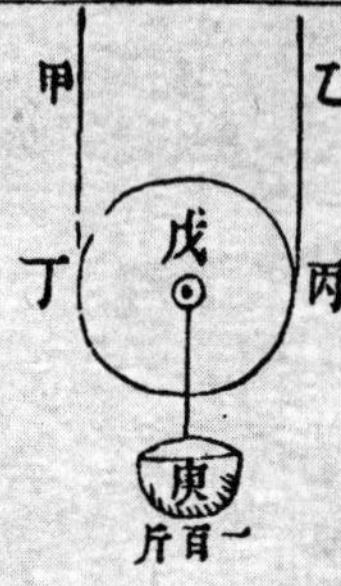

第五十五款

滑車之繩兩端在上一端係重一端用力用力雖則一半爲時則須二倍且繩之向上相距之所必倍于係重

相距之所覽上圖自明

輪盤解

第五十六款

圓體有三種一球二尖圓三長圓

輪之物三其全體一其在中曰軸一其在外曰輞一

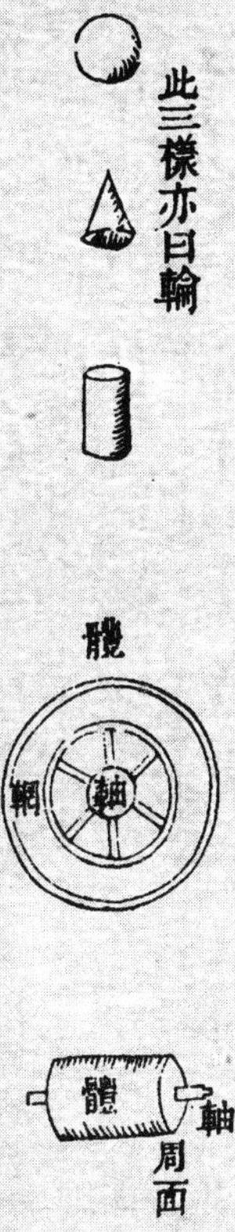

第五十七款

有輪其軸兩旁長出與輪相粘軸有

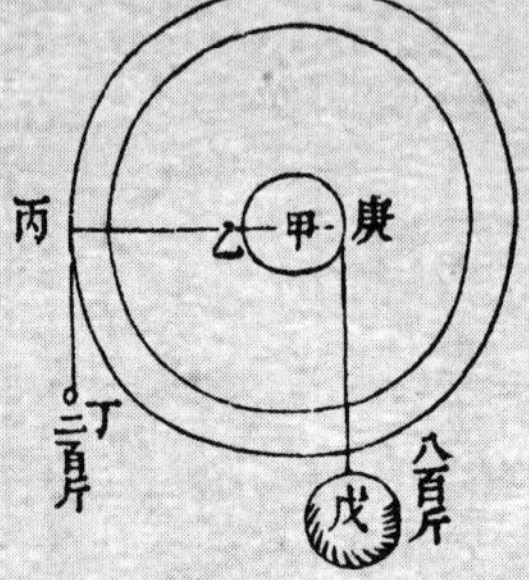

係重人在輞邊平處用力其重與能力有輪半徑與軸半徑之比例

如上圖輪之半徑爲甲丙軸之半徑爲甲乙甲丙要平行丙下有力或重如丁軸上纏索係重爲戊因甲丙四分甲乙一分兩半徑有四倍之比例所以戊重爲八百斤能力止用二百斤即相準也再加少力則重起矣

輪即等子類如滑車即天平之類

第五十八款

看上圖丙庚平線爲等子之梁甲卽等不動所力與重準等卽第十九款比例故輪卽等子類也

第五十九款

用輪常常省力

因輪半徑常大于軸半徑故係重之起常常省力其軸倘更細則用力愈更省也

第六十款

輪半徑線不平係重于線其比例亦不同

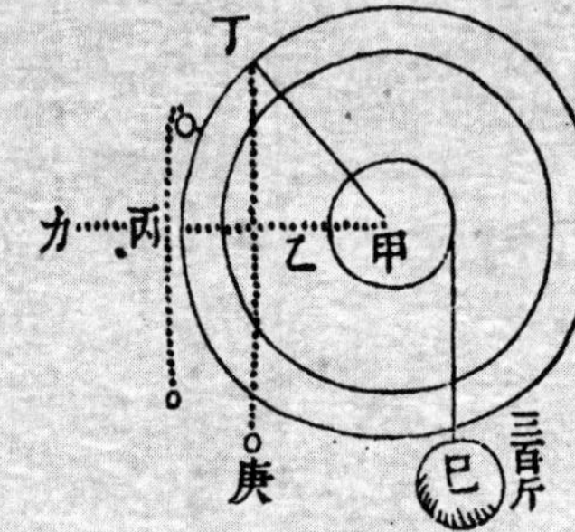

如上圖有甲丁不平半徑線其柄在丁上下係重爲庚其垂線從丁到戊在甲丙平線上軸之係重三百斤如己與力庚比例是甲戊與甲乙比例因甲戊爲三甲乙爲一所以三百斤用力一百斤也若不用重而用手則在丁與在丙省力常等蓋因攀而斜下其垂線常在輪之周也倘必欲用重則于輪周加一滑車其重之係索

從滑車而轉則亦力省矣

第六十一款 輪周攀索之下與軸係重之上比例爲兩半徑之比例

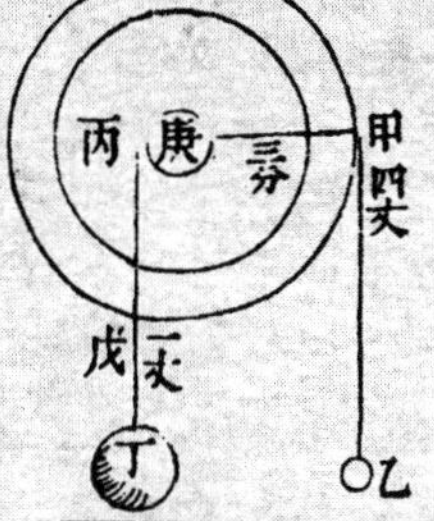

假如甲乙爲四丈與丙丁等人在乙所攀甲而下到乙即有四丈而丁重之起但能到戊止得一丈蓋因甲庚爲四分庚丙爲一分故比例爲四倍也

第六十二款 輪之用省力而費時比例

假如不用輪法欲起千斤之重其費時止一刻耳若用此輪法則費時當須四刻蓋用力則省而爲時則多也

第六十三款

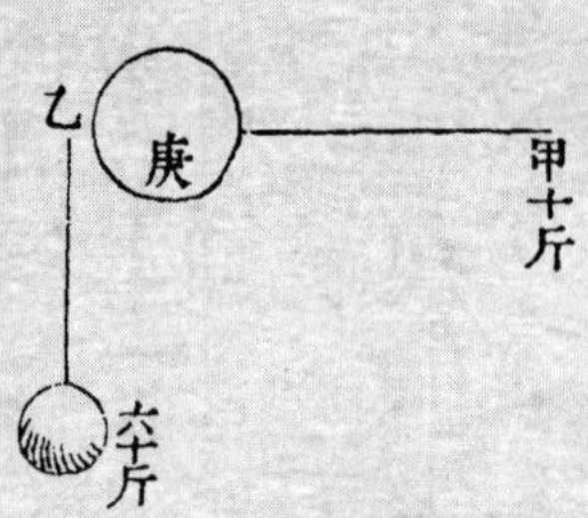

有重有力欲用輪起求輪法

有重爲六十斤能力十斤用甲乙直線爲軸與輪兩半徑用此例法

一　七十斤　爲重與力之總數

二　十斤　爲力之數

三　十四分　爲甲乙直線之分數

四　二分　爲乙庚之分數卽得軸之半徑所以庚甲十二分爲輪之半徑也依賴前五十八款甲力準等子乙係重故得此法

第六十四款

輪勢多端論其輞有長有側

輞輪有四第一長者如甲

第二長者如乙

第三側者如丙

第四側者如丁

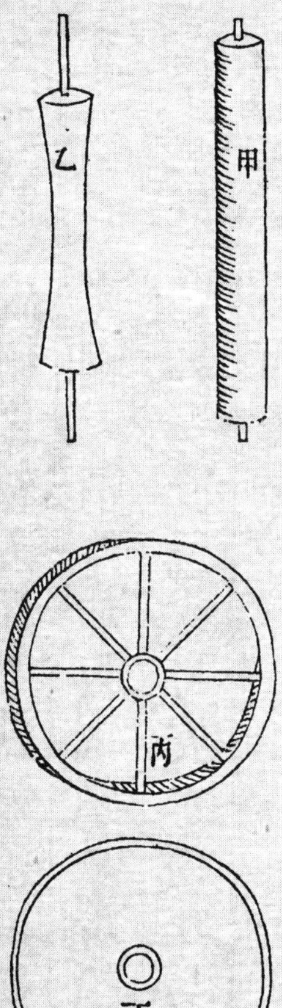

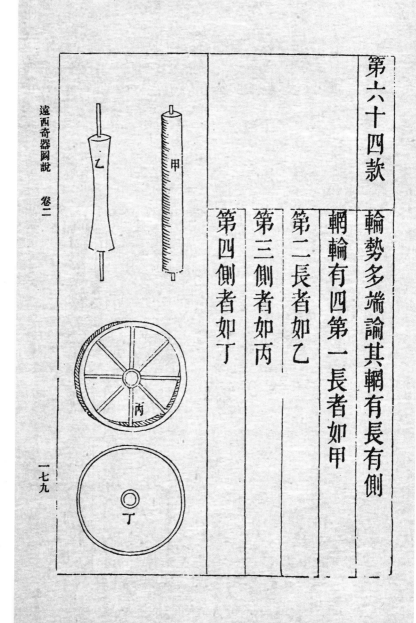

第六十五款

論輞之物或牙齒或波浪或觚稜或光輞或輞外加板或輞是燈輪或周圍另安雙角或另安水筒或另安風扇如後圖

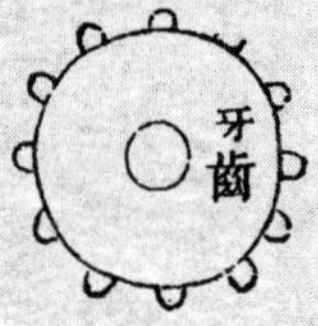

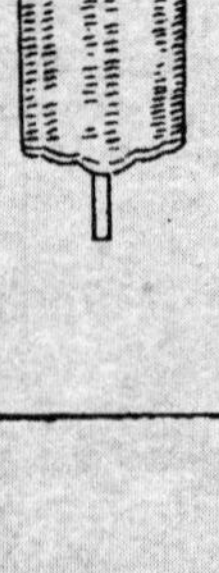

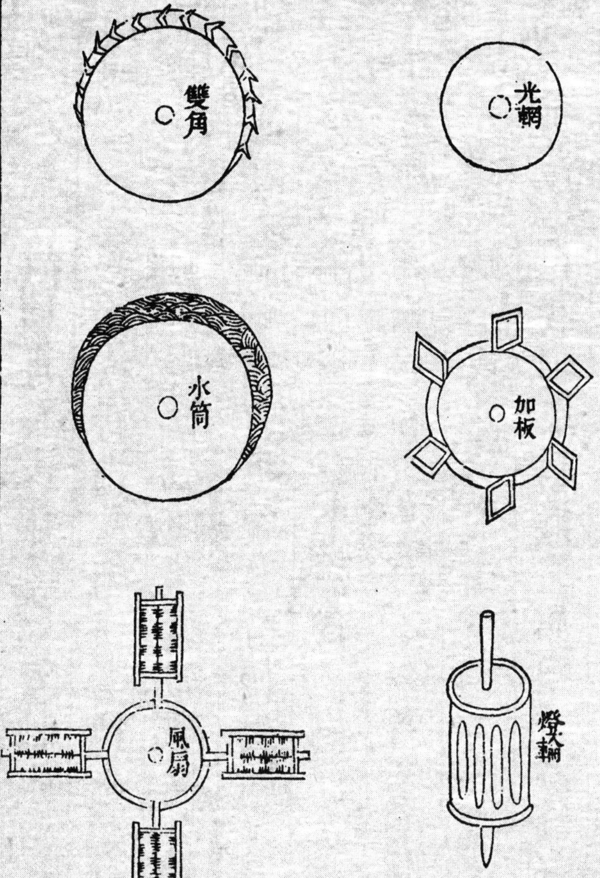
光輞
加板
燈輪
雙角
水筒
風扇

第六十六款

論軸有三或無軸止有軸眼滑車之類是或有軸甚細自鳴鍾之類是或圍圓廣厚以便轉索如轆轤之類是

第六十七款

論輪體有板輪有有輻之輪

第六十八款

論置輪位有平輪有斜輪有立輪

第六十九款

論輪之物有全有不全者不全者或缺一或缺二

但有輞無軸無體如甲若有軸其輞半輪如乙或爲四分之一如丙或止

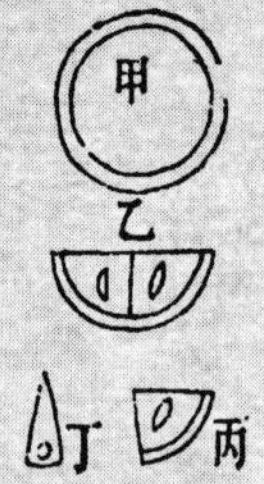

一觚如丁但是一線或軸外爲柄如戊或軸中作曲柄如庚有軸有體無輞其類亦多軸有一徑爲天平如己或幾徑爲轆轤如辛或止半徑一個或幾個如辛

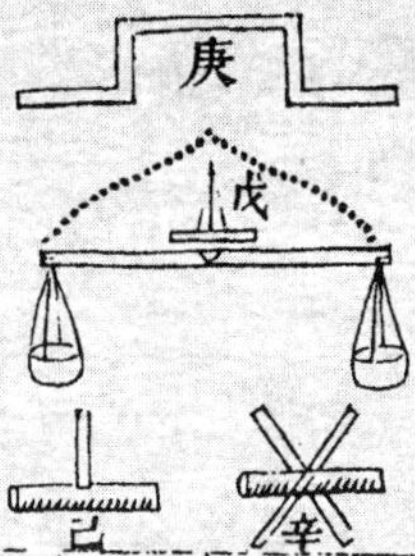

第七十款

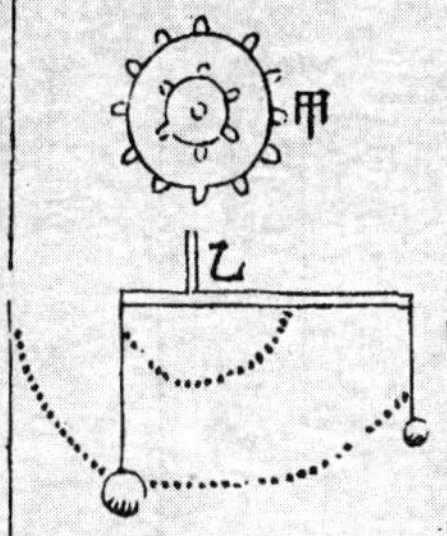

論輪之體有相合而爲用

相合者有二種有全輪兩個在內在外者如甲有不全兩輪但同軸有兩半徑而無輞如乙此皆相須爲用者

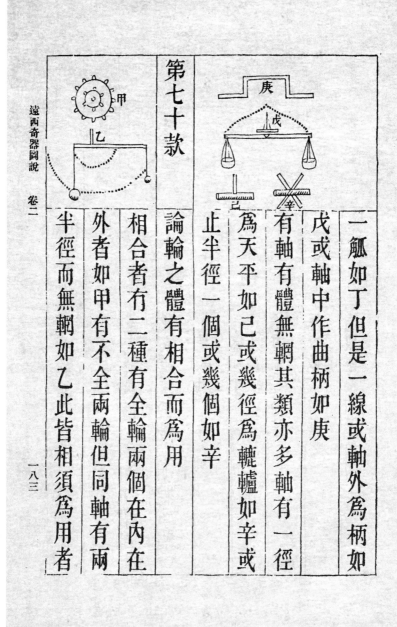

也

第七十一款

輪子所多用者有八種

一行輪　或人或獸行于輪內以轉他重

二攬輪　或人或獸在輞外或推或曳

三踏輪　止是人用足踏

四攀輪　止是人用手攀

五水輪　水力激之而轉

六風輪　風力鼓之而轉

七齒輪　齒與他輪齒遞相轉

八飛輪前七輪受力而不加力飛輪受力而又以己之重能加其力者也

藤線解

第七十二款

有線稜從圓體周圍迤邐而上曰藤線器如藤蔓依樹周圍而上或瓜蔓與葡萄枝攀纏他木皆是其類其象

第七十三款

藤線之物有三一圓體二圓體之軸三藤線

如上甲爲圓體其内有乙丙直線爲其軸外線稜周圍迤邐而上乃依賴

于圓體并其軸者也

第七十四款

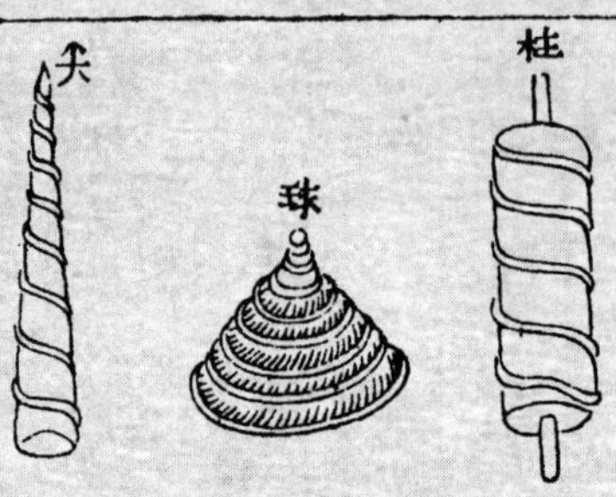

藤線器有三類一柱螺絲轉二球螺絲轉三尖螺絲鑽

蓋因圓體有三一柱圓二球圓三尖圓故藤線依賴而上遂成三類柱圓用以起重球圓天文家所必須至尖圓乃開堅深入之器工匠頗多用而此重學所常用者柱圓而已

第七十五款

前諸器皆有妙用而此器之用更大

更妙

何以見此器更妙于前諸器也爲其用最廣其能力又最大耳假如求開木重且長人力不能起者用螺絲轉則不難起又如長大木其尖爲鐵入地甚深人力不能起者用螺絲轉則能起之又或欲壓有水有汁之物他重物不能壓卽壓不能盡其汁與水者惟此螺絲轉爲能壓之盡且令物

之糟粕渣滓浮石不能比其乾也西庠印書亦用螺絲轉故其書濃淡淺深曲盡款畫之致至于定置諸物不拘銅鐵金木之器其釘一入便自安穩堅定又不費力抑且可開卸也況別器有大能力者須用長用大此器卽最短最小無不可作器愈小而愈有能力可怪也試觀天象如日一年一周從冬至到夏至也只是一個球

螺絲轉又如雨風陡遇盤旋擊搏即大木大石可挾而上又如波中洄漩之水能吸人物下墜草木如藤如瓜如豆如葡萄之類百種不一皆具此象海中水族如螺絲之類者不可勝數故此物最貴重南人以之作貝代金銀也此蓋天地顯以大用妙用托示物象以詔人用者不獨運重之學不可離此即如人間日用繩索微物

及弓弩琴瑟等弦諸用匪此旋轉交結之法便不得成故其德方之前六器中此器爲更妙也又況其製簡便長大者之堅固不待言卽甚小者亦甚堅固而絕無危險所以亞希默得常常多用此器葢取其奇耳能通其所以然之妙凡天下之器都無難作者矣細心之人不難曉解

第七十六款

有立三角形其底與地平每交上各

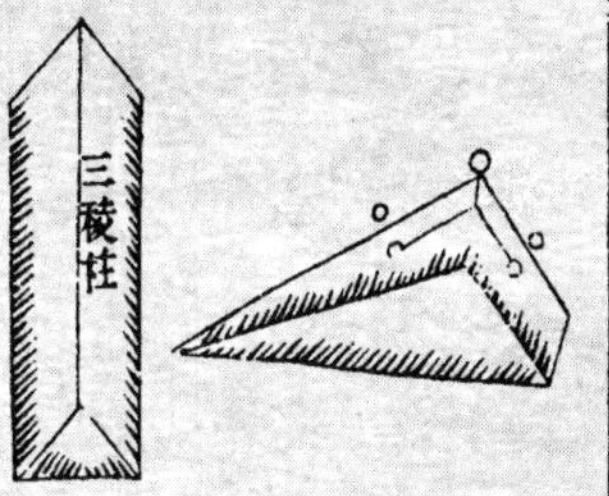

第七十七款

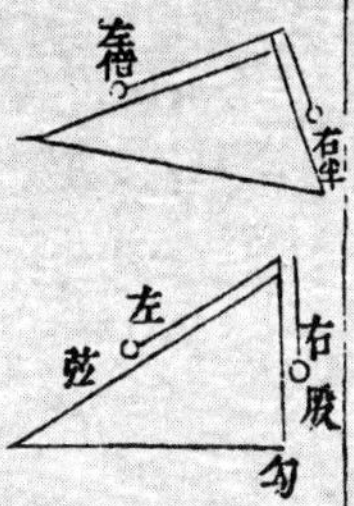

有一球平繫于鈎兩球相等右交與左交之比例爲右球與左球之比例假如右交一半與左交所以右球與左球其位亦是一半其三角形兩旁爲斜立面如三稜柱狀

有立三角形其底與地平右交爲半于左交每交上亦各有一球平係于鈎但右球爲半于左球必定兩球爲準等

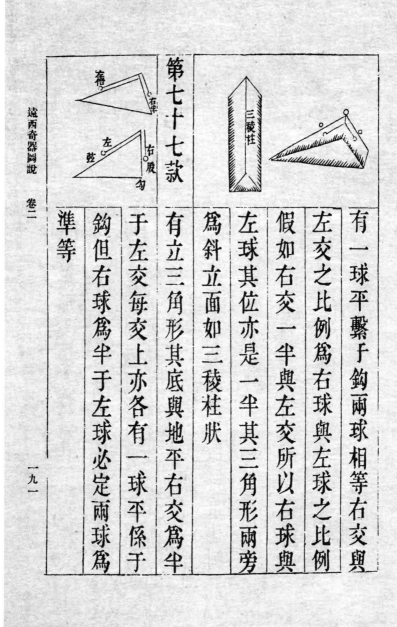

若三角形下是直角形其右交左交就是股弦之比例等于右左兩球之比例直立曰股斜行曰弦下底曰勾直立與下底相交即名勾股

有三角形同前但不繫于鈎依賴滑車而過垂重向下垂重與斜重比例亦是股弦之比例

第七十八款

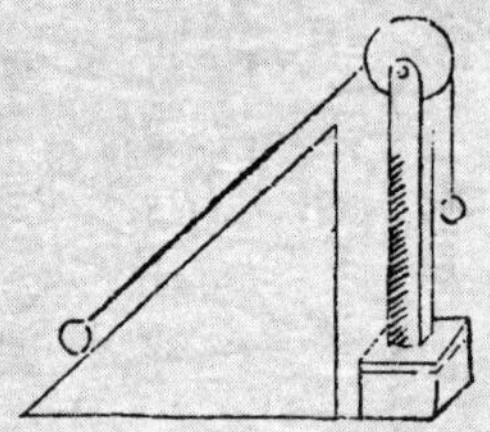

鈎與滑車似不同類然重從鈎內過與從滑車之外過則同一行也故其比例亦同

第七十九款

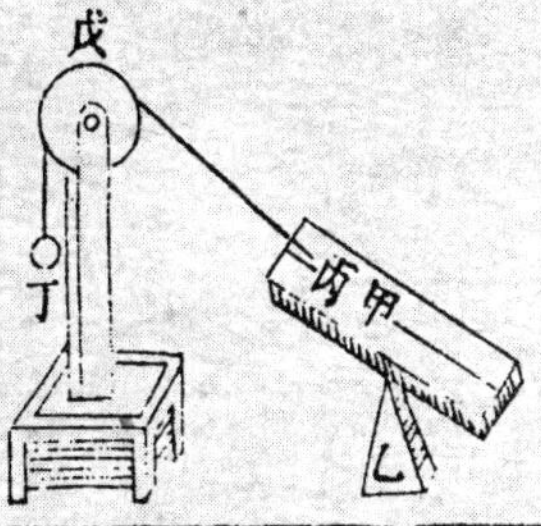

滑車一邊係重一邊有懸空係重在支磯尖上名斜立重

假如甲重板有重徑斜行線一點不動者定于乙支磯上一點如丙係于繩斜行而上過滑車有垂重爲丁所懸重板不上不下因丙戊直線是斜行者所以丁重名爲斜立重也

第八十款

三角形兩旁兩重皆係于角上亦如天平等子之用但其梁不是横平而

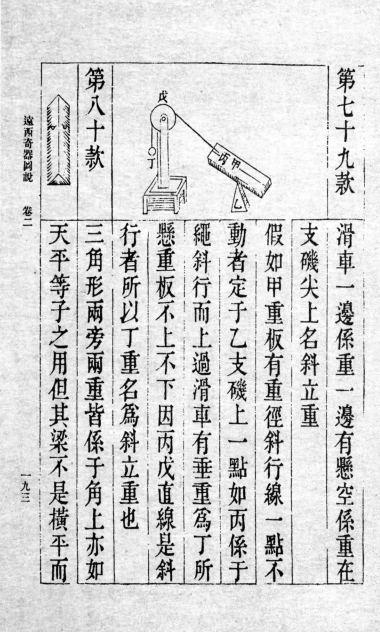

是有角如後圖

第八十一款

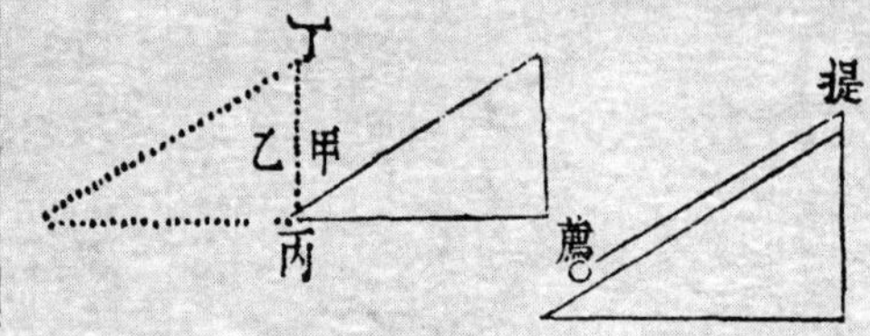

或從斜面上運重或用斜面起重理皆同

有斜面欲于其面運重或從面下邊薦重使之上或從面上邊提重使之上此兩者斜面不動或有重球在地將斜面尖斜入球下移進使重自上此又動斜面以起重法也其義與前二者同理假如上第二圖重球在地

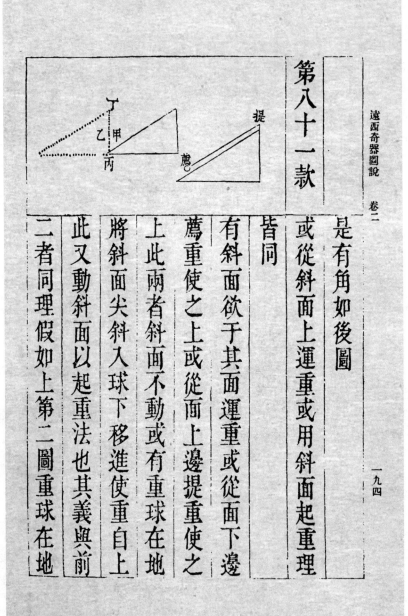

如甲前有所阻如乙用斜面尖入球下如丙用力推進其球自起至丁矣

第八十二款

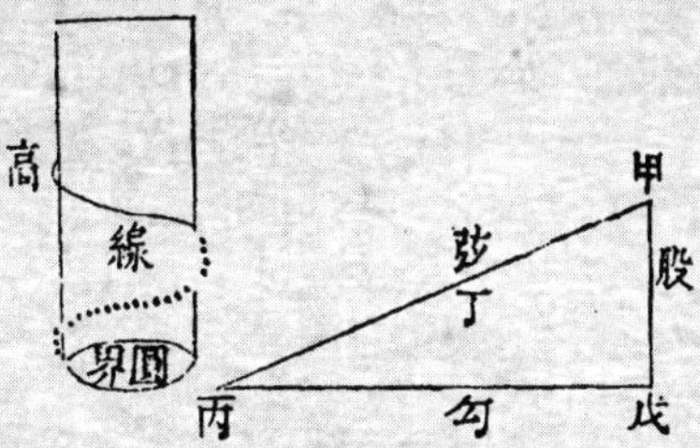

斜面轉行圓柱上卽藤線形

用斜面形起重有不便者其體必長故也故卽以斜面之長轉纏圓柱之上作藤線之器以約其長如上斜面甲丁丙弦其體甚長與柱之藤線等股甲戊與柱之高等勾戊丙與柱之圓界等則知斜面必用長體而圓線

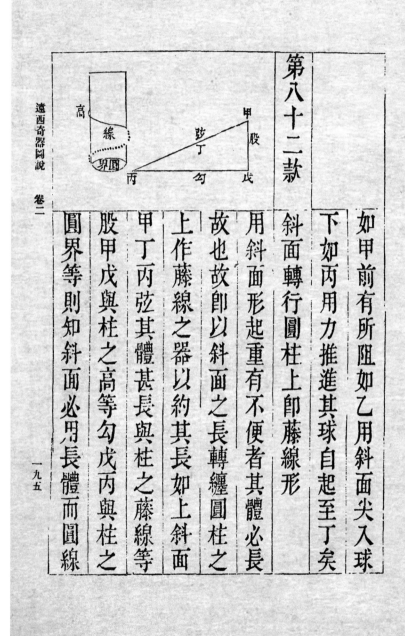

迤運而上不必長也

重與能力比例就是藤長與高之比

例等

第八十三款

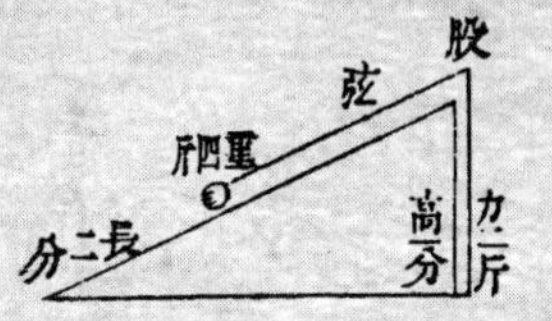

如上弦爲二倍于股重依賴七十八

款亦是二倍于力今弦爲藤線之長

股卽藤線之高所以與重之比例等

第八十四款

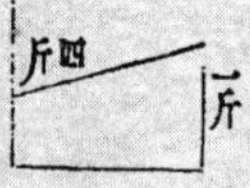

藤線愈密其能力愈大

假如上三角形藤線之長與前三角

形等而股止一半之高則弦上之重

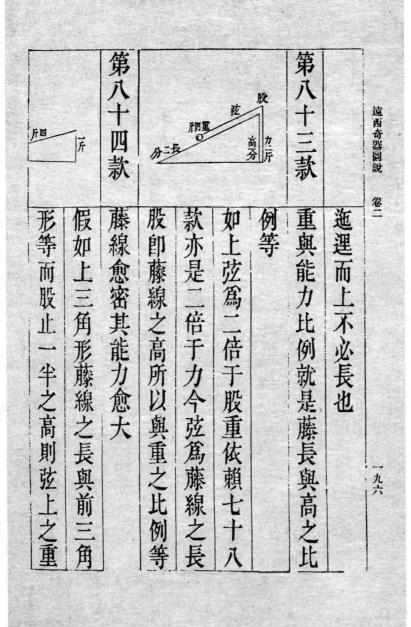

四斤能力前用二斤者此只用一斤足矣

第八十五款

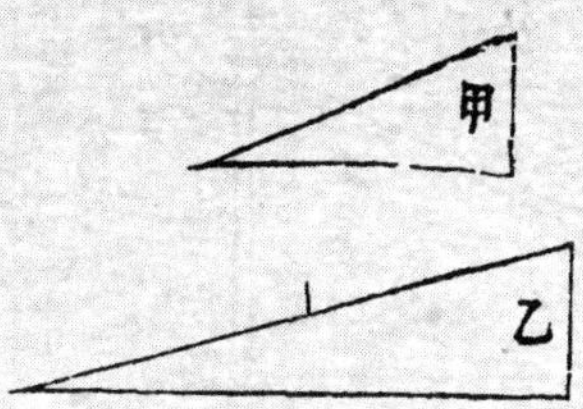

兩柱不等藤線高等柱大則能力亦大

假如甲柱小乙柱大藤線高相等而大柱之弦四倍于股小柱之弦二倍于股所以大柱四斤之重止用一斤之力視小柱四斤之重須用二斤之力者不同也與藤線容義同

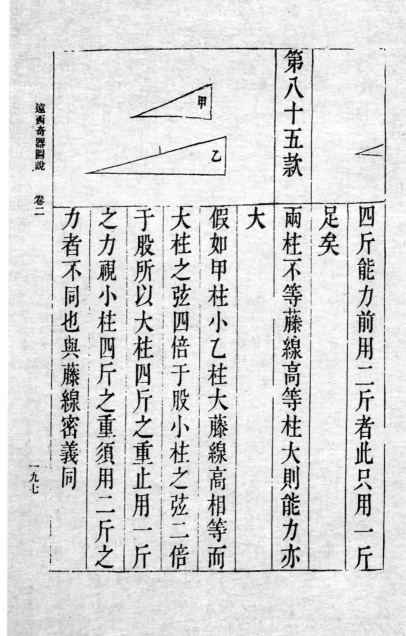

第八十六款

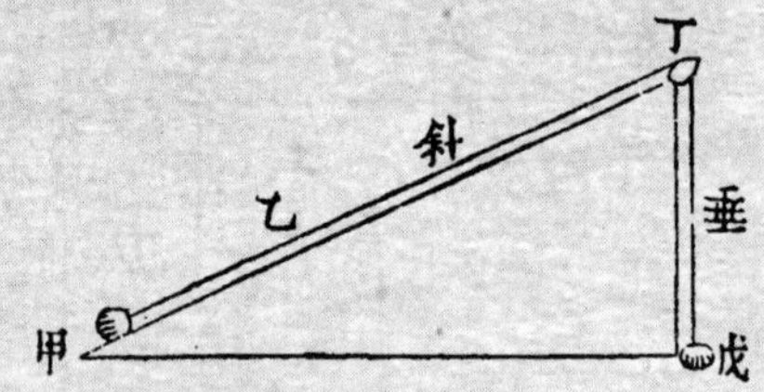

藤線用力最省其費時必相反

藤線之弦二倍于股用力一半足矣但費時必二倍于垂線如上圖用力在丁一垂重至戊一重斜至甲一時用力戊重到丁甲重止可到乙再費一時方得到丁然甲重用力止可二斤戊重則須用力四斤所以用力一半者路必二倍故費時與省力相反也

第八十七款

藤線器之料有三鋼一木一銅一

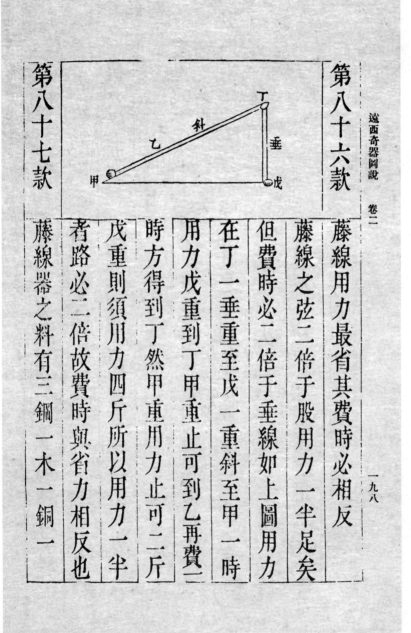

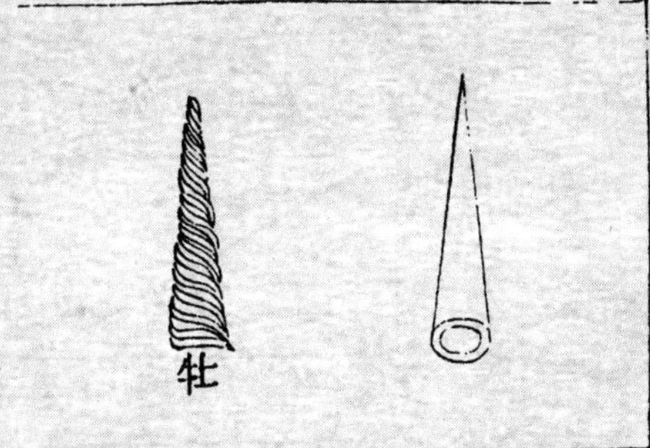

以不致彎曲用鋼須要平滑一律無滯爲妙欲其行之利宜用油油又可令其不縮也小藤線器牡者用鋼牝者可用紅銅蒸銅與鋼相合不致縮澁故耳然大器則必用鋼而後可木須用堅已見前解

第八十八款

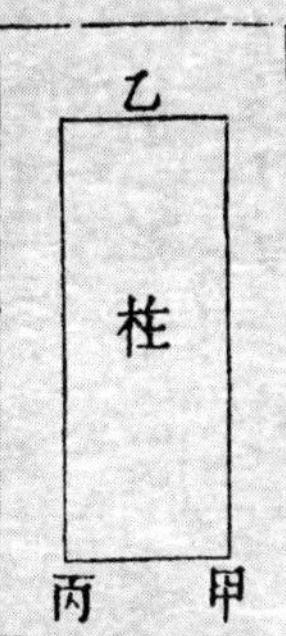

有柱徑亦有藤線之斜作藤線器

假如甲丙是甲乙丙柱之徑亦有角定藤線斜上之形要作藤線之器法

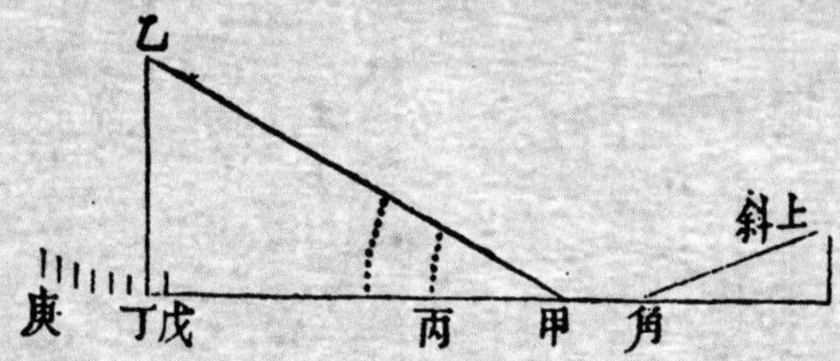

曰先打直線甲至庚用規矩取甲丙柱徑之長按直線甲丙等于徑要三個再加七分之一爲戊丁就有甲乙丙柱之圓界又用規矩從甲丙處作一角形等于斜角形丁上打垂線遇角上斜線至乙就有三角形甲丁爲柱底圓界一周則甲乙爲藤線之一周矣移甲角之尖到乙接轉而上可至無窮

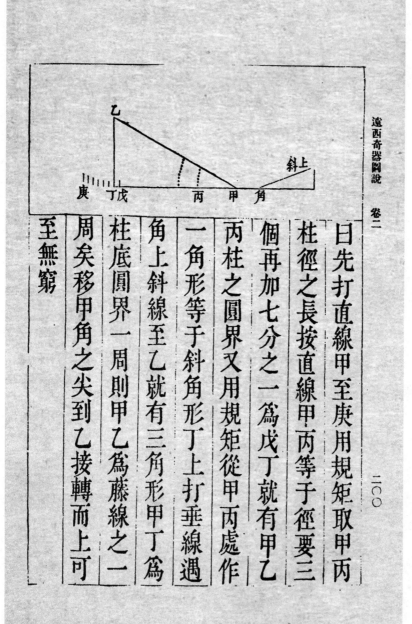

第八十九款

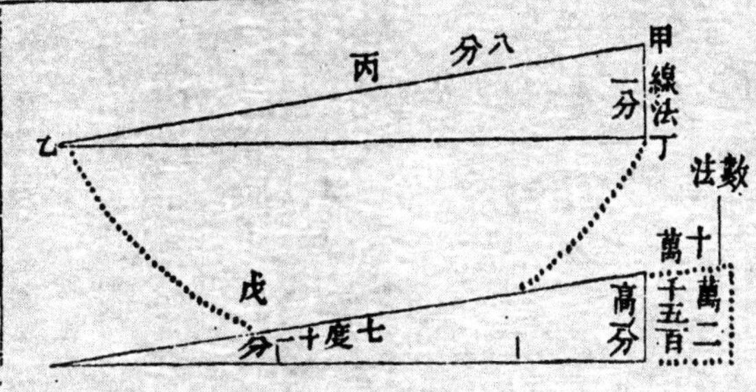

有藤線高線之比例求其角

假如藤線之長八分其高線一分要求其角有數法有線法數法用比例

一　八分　藤線之長

二　一分　藤線之高

三　十萬　圓徑半界

四　一萬二千五百　爲半弦其角爲七度十一分如所求

線法有甲乙直線分兩分于丙以丙爲心以甲爲界作半圓形如甲戊乙因甲乙爲八分取一分從甲到丁在圓界線上爲甲丁直線丁與乙作直

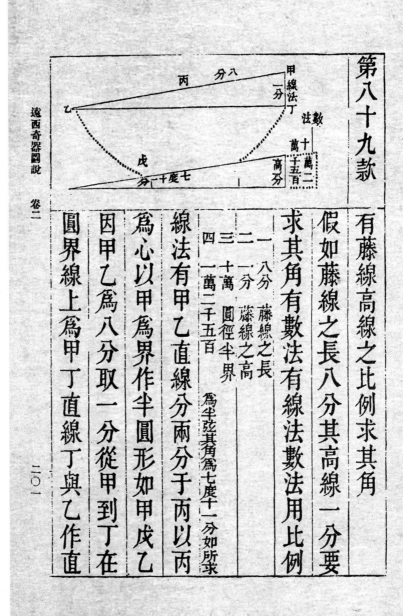

線則甲乙丁角如所求

第九十款

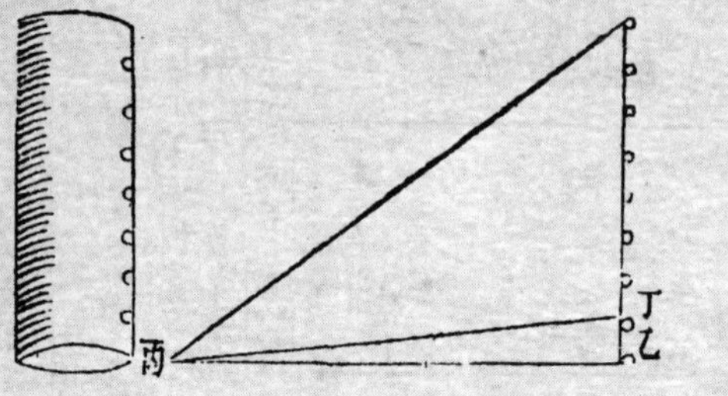

有藤線之器求其用

有柱徑三分其高八分周要知藤線斜行之角法曰以柱徑求其圜界爲乙丙上打垂線等于柱高分八分乙丁爲一分從丁到打直線就得乙丙丁角如所求更有約法若從乙丙線上打垂線其高等于藤線一周之高爲乙丁相連于丙亦得所求

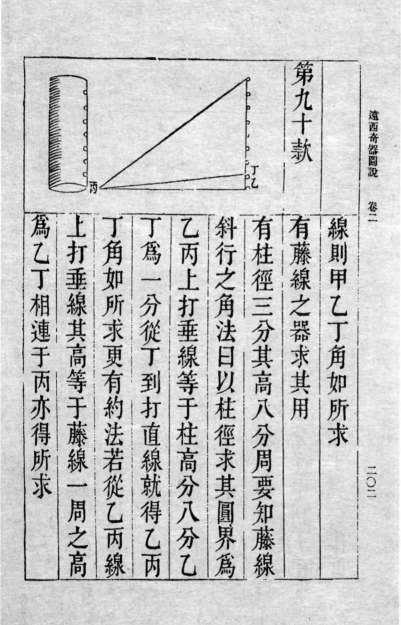

第九十一款

有藤線器求其力

如用上法得其角矣用八十四款比例則得所求如上圖甲乙一分甲至丙爲八分則八分止用一分之能力矣

第九十二款

有重有力求藤線器運

假如有重一千斤人力一百斤用何等藤線之器可運法曰用十分比例如上甲乙垂線十分內取一分爲甲

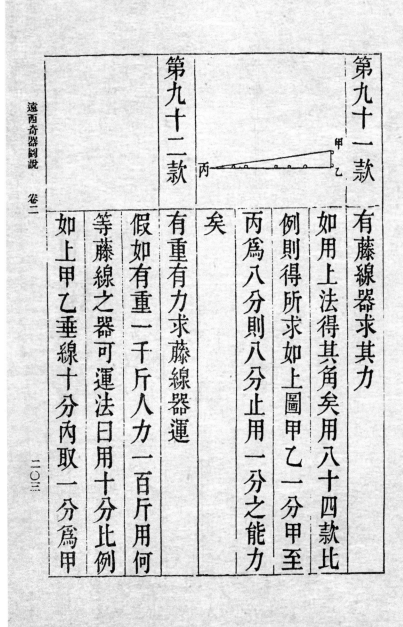

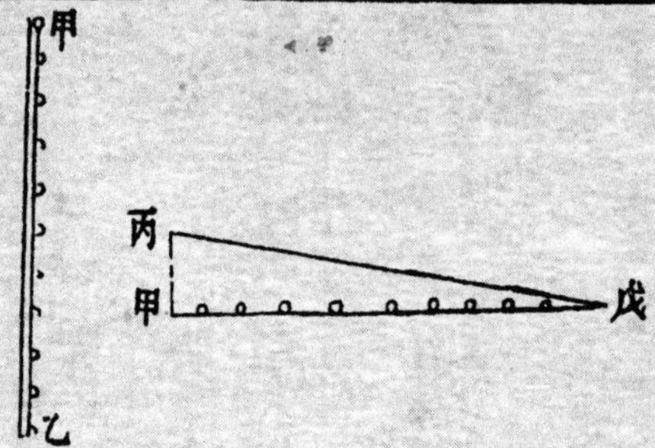

丙用規矩取十分按直線上從丙到戊則得甲丙戊三角形用此三角形作藤線器則人力百斤可起重千斤也

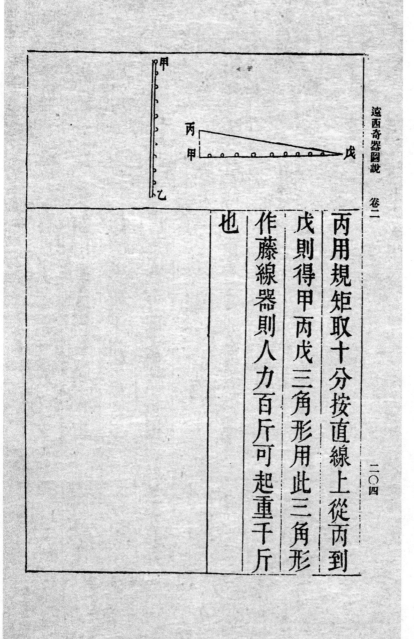